音声&画像処理/画像転送/測定器…
なんでも高速・高安定・高機能

IoT時代のハイパフォーマンス電子工作

FPGAパソコンZYBOで作る Linux I/Oミニコンピュータ

トライアルシリーズ

岩田 利王/横溝 憲治 共著

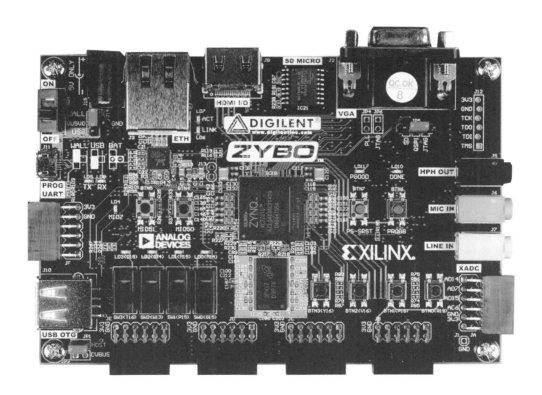

JN174369

CQ出版社

まえがき

SoC（System-on-a-Chip）とは何でしょう？

その定義には諸説ありますが，本書第3部では「本格的な Linux OS を載せることができるデバイス」と定義し，パソコンのようにマウス/キーボード/ディスプレイを繋いで使うことができるボードを「SoC ボード」と呼ぶことにします．

本書第3部では，「ZYBO」という，Zynq（ザイリンクスのデバイス）搭載の SoC ボードに，「Xillinux」という Linux OS を載せます．これにより ZYBO はネット接続や C 言語での画像処理など，従来の FPGA では困難だったことが可能になります．

また Zynq はプログラマブル・ロジックも有しているので，従来の FPGA のように HDL でロジック開発し，高速/並列に走らせる使い方もできます．

ZYBO は安価（2 万円台）であり，Xillinux も学習用途なら[1]無料で使用できます．この機会にぜひトライしてみてください．とても先進的，近未来的な雰囲気を感じ取れるはずです！

2016 年 1 月　岩田利王

基礎編では，Vivado での Zynq の基本的な設計方法をソフトウェア，ハードウェアともに紹介します．ソフトウェアは PS 部のみで動作する "Hello World" 表示，ハードウェアは PL 部のみで動作する LED 点滅，そして IP ベース設計で PS 部と PL 部の両方を使う GPIO を解説します．

ベア・メタル編では OS を使わないソフトウェアとハードウェア開発を紹介します．題材は画像表示，LED マトリクス制御，イーサネット画像転送などです．OS を使わないことでシンプル構成になり応答速度の速いシステムが構築可能です．また，既存 IP の組み込み，AXI に対応した新規 IP の作成/登録方法も解説します．

Linux 編では Xillinux にベア・メタル編で作成した LED マトリクス制御回路を組み込みます．また SSH，HTTP サーバをインストールして，ネットワーク経由のリモート端末，ウェブ・ブラウザからの ZYBO のハードウェアを制御してみます．本書を通してソフトウェアとハードウェアの両方を開発できる ZYBO ならびに Zynq デバイスの魅力を感じていただければ幸いです．

2016 年 1 月　横溝憲治

---

[1] 商用に使用する場合は Xillybus 社とライセンス契約する必要がある．

目次

第 1 部　　基礎編 6

第 1 章　ARM ベース SoC Zynq とは何か 6
1.1　リッチな GUI とリアルタイム信号処理をこなすシステムを作るには 6
1.2　従来の FPGA を進化させた SoC の誕生！ 8
1.3　Zynq の用途とアーキテクチャ 11
1.4　ZYBO ボードの仕様と開発環境 13

第 2 章　PS で Hello World，PL だけで LED 点滅 16
2.1　Vivado のインストール 16
2.2　Zynq の設計フロー 21
2.3　PL 部のみで LED の点滅 29

第 3 章　IP ベースで作る LED 点灯回路 34
3.1　設計ツールは Vivado 2015.4 WebPACK と SDK 34
3.2　IP ベース設計ツール IP Integrator の使い方 35
3.3　GPIO 制御用プログラムの作成 38

第 4 章　microSD，QSPI から起動する方法 40
4.1　Zynq の起動シーケンス 40
4.2　BOOT.bin の作成 40
4.3　microSD カードから起動する方法 42
4.4　QSPI フラッシュ・メモリから起動する方法 42
4.5　工場出荷時の QSPI フラッシュ・メモリのデータ 42

第 2 部　　ベア・メタル編 44

第 1 章　IP で作る画像処理システムー画像表示回路の作成 44
1.1　構築する画像表示回路の構成 44
1.2　画像表示用 IP を追加して画像表示回路を構築 44
1.3　画像表示用プログラムの作成 48

第 2 章　IP で作る画像処理システムーAXI 回路作成と IP パッケージ登録 50
2.1　IP 間のインターフェースは AXI を使用 50
2.2　AXI スレーブ回路の作成と IP パッケージ化 52
2.3　AXI スレーブ回路 IP myip_slave_ip の使い方 54
2.4　AXI マスタ回路の作成と IP パッケージ化 58
2.5　AXI マスタ回路 IP myip_master_line_rd の使い方 61

第 3 章　IP で作る画像処理システムーHDMI→VGA 変換回路の作成 64
3.1　画像＋音声伝送用インターフェース HDMI の特徴 64
3.2　HDMI→VGA 変換回路の回路構成 65
3.3　シリアル - パラレル変換は IP で対応 66
3.4　コントロール・コード検出と 10b8b 変換 68
3.5　ピン配置と動作確認 72

第 4 章　IP で作る画像処理システムーVRAM インターフェースの作成 74
4.1　画像処理システム全体の構成 74
4.2　作業の流れ 75
4.3　画像メモリ VRAM の追加 75

第 5 章　IP で作る画像処理システムーHLS を使った画像処理回路の作成 33
5.1　高位合成ツール Vivado HLS の使い方 83
5.2　色反転とエッジ検出の追加 87

第6章　LEDマトリクス表示制御回路の作成 89
6.1　使用したLEDマトリクスの仕組み 89
6.2　制御回路 90
6.3　動作確認 91

第7章　GbEで画像転送－GEMの使い方 95
7.1　GEMの概要 95
7.2　画像転送装置の概要 97
7.3　GEMの動作確認 97

第8章　GbEで画像転送－ハード&ソフトの作成 102
8.1　画像データの転送経路 102
8.2　各ブロックの動作 107
8.3　動作確認の進め方と設計データの書き込み 108
8.4　テスト内容とプログラムの作成 109

第3部　Linux編 116

第1章　ZYBOにLinuxを載せて使ってみる
－OSからFPGAのロジックを制御！ 116
1.1　LinuxからLED点灯…ありきたりに見えるがその本質は全然違う 116
1.2　ZYBOでLinuxを走らせる手順 118
1.3　OSからデバイス・ドライバを操作してデバイスにアクセスしてみる 123
1.4　HDLを変更してデバイス・ドライバの先の回路を変える 125
1.5　ARM Cortex-A9とロジックの使い分け…SoC FPGAならではの応用例 128

第2章　ロジック×ARMで実現！堅牢で柔軟なディジタル・フィルタ 130
2.1　「複雑な浮動小数点演算」と「リアルタイムな固定小数点演算」を
　　兼ね備えたシステムを作るには 130
2.2　OSだけでは信号処理のリアルタイム性を保つのが難しい 130
2.3　ロジックでディジタル・フィルタの「枠組み」を用意する 134
2.4　OSでIIR型フィルタの「係数」を計算してロジックに渡す 135
2.5　ディジタル・フィルタのカットオフ周波数を自由自在に変える 136
2.6　キーワードは柔軟性と安定性…PS部とPL部にかかっている 139

第3章　ネットに繋がるFPGA！ZYBOで作る遠隔操作システム 140
3.1　「ネットに繋がるFPGA」というZynqのメリットを活かす 140
3.2　ウェブ・サイトからIIRフィルタの係数をダウンロードするアプリ 141
3.3　IIRフィルタの係数をPL部に送るアプリケーション 144
3.4　PL部からIIRフィルタの出力を受け取るアプリケーション 149
3.5　IIRフィルタの出力をFFTするアプリケーション 152
3.6　mailコマンドでウェブ・サイトの管理人にメールを送る 152
3.7　シェル・スクリプトでコマンドとアプリをぐるぐる回して実行 155

第4章　LinuxのGUIでロジックの動作検証
－ZYBOで作るジェネレータ&ロジアナ 157
4.1　LinuxのGUIからロジックにアクセスできるメリットを活かす 157
4.2　PL部にセレクタを設けてIIRフィルタにテスト信号を入力 160
4.3　PS部はパターン・ジェネレータ，IIRフィルタにテスト信号を入力 161
4.4　PS部はロジアナ，IIRフィルタの出力を描画 163
4.5　C言語のIIRフィルタとHDLのIIRフィルタの結果を比較 164

第5章　ドライバの知識がなくてもOK
－Linux on ZYBOで制御する加速度センサ 167
5.1　既存のデバイス・ドライバを使って新規のデバイスを制御する 167
5.2　加速度センサ・モジュールの使い方 168
5.3　PL部にSPI通信回路を追加する 169
5.4　PS部から加速度センサ・モジュールを読み書きする 171

Appendix　OpenCVで画像処理を試す 175

第6章　XillinuxからLEDマトリクス表示制御 184
6.1　Xillinuxから制御するLEDマトリクス表示システムの構成 184
6.2　XillybusのFIFOインターフェースの使い方 184
6.3　XillinuxへLEDマトリクス制御回路を組み込んで動作確認 187
6.4　Xillinux用LEDマトリクス表示制御プログラムの作成 189
6.5　Xillinux用LEDマトリクスBMPファイル表示プログラムの作成 190

第7章　ネットワーク経由でZYBOを遠隔制御 192
7.1	動作概要	...192
7.2	準備	...192
7.3	SSHからの制御	...193
7.4	ウェブ・ブラウザからLEDの点灯とスイッチの読み取り	...195
7.5	ウェブ・ブラウザからLEDマトリクスの制御	...198

引用 / 参考文献 202
付属 CD-ROM について 204
索引 / Index 205

初出一覧情報

本書一部記事の初出は以下の通りです.

- 第1部第1章：岩田利王；①ARMベースSoC Zynqとは何かを理解する，トランジスタ技術，2015年5月号，CQ出版社.

- 第1部第3章：横溝 憲治；①設計ツールVivadoの使い方と画像表示回路の作り方，トランジスタ技術2015年9月号，CQ出版社.

- 第2部第1章：横溝 憲治；①設計ツールVivadoの使い方と画像表示回路の作り方，トランジスタ技術2015年9月号，CQ出版社.

- 第2部第2章：横溝 憲治；②AXI対応回路の作成とIPパッケージの登録，トランジスタ技術2015年10月号，CQ出版社.

- 第2部第3章：横溝 憲治；③HDMI→VGA変換回路の製作，トランジスタ技術2015年11月号，CQ出版社.

- 第2部第4章：横溝 憲治；④高位合成ツールを使った画像処理回路の製作，トランジスタ技術2015年12月号，CQ出版社.

- 第2部第5章：横溝 憲治；④高位合成ツールを使った画像処理回路の製作，トランジスタ技術2015年12月号，CQ出版社.

- 第3部第1章：岩田利王；②ZYBOにLinuxを搭載－OSからFPGAのロジックを制御!，トランジスタ技術，2015年6月号，CQ出版社.

- 第3部第2章：岩田利王；③ロジック×ARMで実現!，堅牢で柔軟なディジタル・フィルタ，トランジスタ技術，2015年7月号，CQ出版社.

- 第3部Appendix：岩田利王；④OpenCVで画像処理!静止画も動画も超簡単&自由自在，トランジスタ技術，2015年8月号，CQ出版社.

第1部 基礎編

第1章　ARM ベース SoC Zynq とは何か

1.1　リッチな GUI とリアルタイム信号処理をこなすシステムを作るには

図 1-1 のような画像処理システムを作りたい...みなさんならどうしますか？

　PC を使えば，図 1-1 のような画像のエッジ検出は比較的簡単にできそうです．でももっと小型で安価なボードで実現しなければならない...そんな状況での解決策を探ってみます．

✓　ワンチップ・マイコンではパワー不足

　図 1-1 の GUI（Graphical User Interface）はまるで PC のようです．その実現には DDR（Double Data Rate）などの外部メモリが必要になるでしょうし，クロックも数百 MHz は必要でしょう．従って，Cortex-M0 クラスのワンチップ・マイコンではどう見ても間に合わなさそうです．

✓　パワフルなシングル・ボード・コンピュータなら間に合いそう

　写真 1-1 は，AM335x（ARM Cortex-A8 コア）搭載の BeagleBone Black（BeagleBoard.org 製）です．クロックは 1GHz，外部メモリは 512Mbyte DDR3 なので何とかなりそうです．実際，参考文献（1）ではこのボードに Linux を搭載した例がいくつか紹介されています．

　そして，Linux 上に OpenCV などをインストールすれば，図 1-1 のような画像処理も可能になりそうです．

並行してリアルタイム信号処理も必要...さあ困った

　さらに図 1-2(a)のようなシステムを考えます．Linux を動かし，さらにリアルタイム信号処理をや

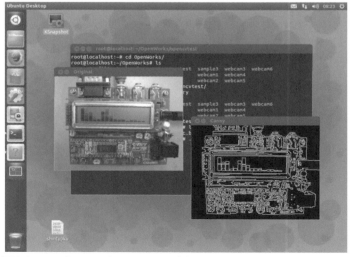

図 1-1　こんなリッチな GUI でエッジ検出したい！

写真 1-1　BeagleBone Black

ろうというものです．

✓ **次から次へとデータが入って来る**

扱うデータはリアルタイム，つまり音声信号のように A-D 変換されたデータが途切れることなく入ってきます．そして，信号処理したデータを途切れることなく D-A コンバータに渡します．

✓ **Linux のような OS を載せてしまうとリアルタイム信号処理は難しい**

そのような処理を図 1-2(a)のように OS で行うことを考えます．この場合，A-D，D-A のサンプリング周波数が低ければ間に合いそうですが，高くなると間に合わなくなる可能性があります．仮に間に合ったとしても，OS の状態（何を走らせているか，何をインストールしたか）によっては出力が不安定になるかもしれません．

✓ **OS から独立して動くロジックを考える**

そこで信号処理の部分は OS と切り離すことを考えます．図 1-2(b)のようにロジックで信号処理を行い，OS はロジックにパラメータを渡すだけにします．こうすれば OS の状態に左右されることはなく，リアルタイム性を保持できそうです．

✓ **小型/安価なボードでそんなことができるの？**

実現の可能性があることは分かりました．しかし…そういえば一つ条件がありました．小型で安価なボードで実現すること…そんな無茶な要求に応える解決策なんてあるのでしょうか？

✓ **シングル・ボード・コンピュータではロジックを組むことができない**

BeagleBone Black なら Linux を載せ，C 言語などでアプリケーションを作って OS 上で走らせることができます．

しかし，残念ながら，HDL（Hardware Description Language）でロジックを組むことはできません．

✓ **FPGA では Linux のような OS は厳しい**

逆に，FPGA（Field Programmable Gate Array）はロジックを自由自在に使うことができますが，

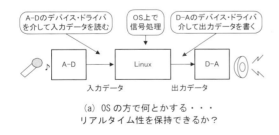

(a) OS の方で何とかする・・・
リアルタイム性を保持できるか？

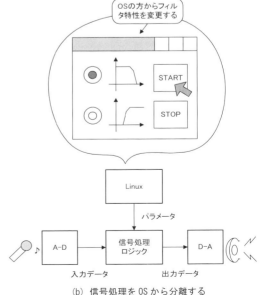

(b) 信号処理を OS から分離する

図 1-2　リッチな GUI と高速でリアルタイムな信号処理を兼ね備えるには？

Linuxのような本格的なOSに耐え得るようなプロセッサを持っていません．

✓ 高速なARM Cortex-A9を内蔵したFPGAデバイスZynq

　しかし，そのような要望に応えるデバイスがあります．ザイリンクスの提供する「Zynq」というデバイスは「ARM Cortex-A9」を2個内蔵しています．スマートフォンなどにも採用されているプロセッサなので，LinuxのようなOSを載せても十分動作します．

✓ プロセッシング・システムとプログラマブル・ロジックを備え持つ最新デバイスZynq

　Zynqはもちろん従来のFPGA的な部分も持ち合わせています．すなわちプロセッシング・システム（PS）にOSを任せ，プログラマブル・ロジック（PL）にはリアルタイム信号処理を任せることができるのです．

✓ Zynqを搭載した小型で安価なボードZYBO誕生！

　Zynqを搭載したボードでは「ZedBoard」が有名ですが，最近「ZYBO」という，より小型で安価なボードが登場しました（原稿執筆時点）．

　本書ではこのZYBOボードを使って，図1-1のような画像処理や図1-2（b）のようなリアルタイム信号処理システムなどを実現します．

1.2　従来のFPGAを進化させたSoCの誕生！

　ゲート・アレイ→FPGA→SoC（System-on-a-Chip）とデバイスが進化するにつれ，設計の効率や自由度が飛躍的に増してきました．ここではその経緯や背景について説明します．

ちょっとしたPC＋αのシステムを作れるSoC

　「SoC」とは，従来複数のLSIで行われていた機能を一つのLSIに統合する方式，またはそのようなデバイスのことを示す言葉です．なお，これは一般的な定義であり，何をSoCと呼ぶかはそのメーカによって微妙に違います．

✓ マイクロプロセッサを進化させたSoC

　例えば，テキサス・インスツルメンツは従来のARMプロセッサ・システムにGPU（Graphics Processing Unit）やディスプレイ・コントローラ，その他周辺回路を加えてワンチップ化したもの

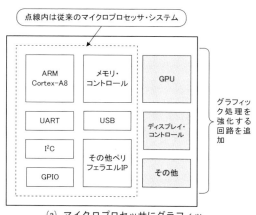
（a）マイクロプロセッサにグラフィック処理回路を追加したSoCの一例

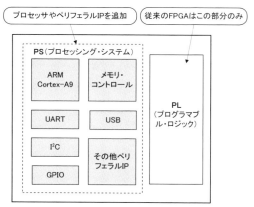
（b）プログラマブル・ロジックにプロセッサとペリフェラルIPを追加したSoCの一例

図1-3　二つのアプローチによるSoC

をSoCと呼んでいます．それはBeagleBone Black（写真1-1）に搭載されており，Linuxなどの OSを載せることができます．この例は，従来のマイクロプロセッサ・システムに周辺回路を追加し たアプローチによるSoCです［図1-3(a)］．

✓ **FPGAを進化させたSoC... 本書ではこれを紹介する**

それに対して図1-3(b)のように，従来プログラマブル・ロジックだけだったものにプロセッサおよ びペリフェラルIPを追加してワンチップ化する，というアプローチによるSoCもあります．ザイリ ンクスのZynqがその典型例で，従来のFPGAにARM Cortex-A9という高速プロセッサを2個追加 したものです．同社はこのZynqファミリを「SoC」と呼んでいます．

✓ **SoC≒Linuxを載せることができるデバイス**

SoCへのアプローチを2通り紹介しましたが，どちらもCortex-Aシリーズの高速プロセッサを搭 載しているため，Linuxのような何らかのOSを載せるような使い方が大半のようです．

FPGAとは何か．そしてFPGAはどのようにSoCへと進化したのか

そもそも「FPGA」とはどのようなデバイスなのでしょうか？ここではその歴史的背景をもとにイ メージを伝えたいと思います．また，FPGAメーカが声高にSoCと叫び出した経緯も推し量ってみ たいと思います．

✓ **FPGAはゲート・アレイの進化形**

FPGAはField Programmable Gate Arrayの略で，「現場でプログラムできるゲート・アレイ」 という意味です．それでは「ゲート・アレイ」とはなんでしょうか？

✓ **FPGAがなかった頃によくあった話**

1990年代のまだFPGAが普及していなかった頃，ディジタル回路を設計する際は「74シリーズ」 というANDゲート，ORゲートやフリップフロップが数個入ったICを並べて配線していました．回 路が小さければそのまま製品化できます．しかし，回路が大きくなってICが100個にもなると，基 板サイズや信頼性，製造コストや保守といった問題が噴出してきます．

✓ **ゲート・アレイ化してワンチップにしていた**

そこで設計者はその回路図をICメーカに渡し「ゲート・アレイ化」を依頼します．ゲート・アレ イというデバイスにはあらかじめANDゲート，ORゲートやフリップフロップといった論理素子（ゲ ート）が多数敷き詰められており，ICメーカは回路図を見ながら依頼通りに適宜配線してワンチッ プ化します（図1-4）．

✓ **夢も悪夢も見させてくれたゲート・アレイ**

ICメーカはみな大企業で，当時はゲート・アレイ化を依頼するのに何百万円も支払っていました． 出来上がった物がちゃんと動作すればよいのですが，動かなかったらまた作り直し，しかも自分のせ いで製品のスケジュールが何カ月も遅れる...それを想像すると恐ろしくて夜も寝られなくなったこ とを著者は思い出します．

✓ **FPGAは「ゲートの大平原」を自分で配線するイメージ**

そこで「現場でプログラムできるゲート・アレイ」の登場です．設計者は「ゲートの大平原」であ るFPGAを自分で配線してゲート・アレイを自作できるようになりました．しかも失敗したらすぐ にやり直しが利きます．以前のように大金を払った上に悪夢にうなされるようなことはなくなったの です．

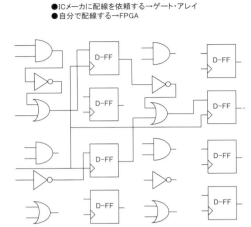

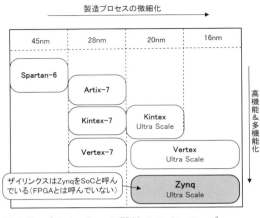

図1-5 ザイリンクスのFPGAのラインアップ

図1-4 あらかじめ敷き詰められた論理素子（ゲート）を適宜繋ぐ

✓ **行けども行けども果てしなく続く大平原となった最近のFPGA**

FPGAは「ゲートの大平原」であると書きましたが，近年はデバイスの製造プロセスの微細化が進み過ぎて大平原がとてつもなく広くなってしまった感があります．有名な「ムーアの法則」によると「デバイス上のゲート数は18カ月で倍」と言われていますが，設計する側のレベルがそのペースで上がるわけはないため，FPGA上のゲートを全然使い切れないといった非効率性が露呈してきました．

✓ **ゲートの大平原を埋めるロジックが不足する事態に**

この問題はFPGAメーカにとっても頭の痛い問題だと思います．熾烈な微細化競争により高密度なデバイスを製品化しても，ユーザから「そんなに大きくても使い道がない」と言われてしまいます．

✓ **微細化競争の行き着く先とも言えるSoC**

そこでFPGAメーカはゲートの大平原に「ARM Cortex-A9」という巨大な建物とその周辺施設を建てたのではないかと想像します．そうすることによりゲート使用の非効率性が解消できますし，さらにSoCという名前を付けて差別化と高付加価値化を図れるからだと思います．

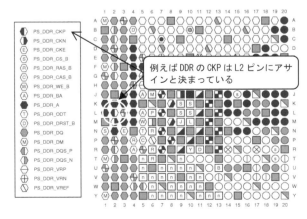

(a)[1] XC7Z010 CLG400のピン・アサイン規定

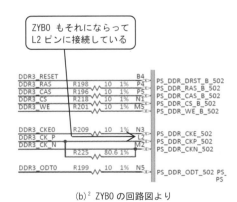

(b)[2] ZYBOの回路図より

図1-6 DDR2を繋ぐI/Oピンは決まっている

1.3　Zynqの用途とアーキテクチャ

Zynqは普通のFPGAとどう違うのか

　ザイリンクスが供給するFPGAには図1-5のようなものがあります．ただし，同社はZynqのことをFPGAとは呼んでおらず，これだけはSoCと呼んでいます（原稿執筆時点）．

✓　　ZynqではPS部がメイン，PL部がサブとなるイメージ

　従来のFPGAとの決定的な違いはARM Cortex-A9が入っていることです．またそれに伴い，以下のような違いが派生しています．

- 内部がPS部（プロセッシング・システム）とPL部（プログラマブル・ロジック）に分かれている．
- UART, I²C, SPI, USB, GPIOなどのペリフェラルはハード・マクロIP[1]としてPS部に置かれている．
- 外部メモリ（DDR3など）を使うことが前提になっており，それら専用のI/Oピンはあらか

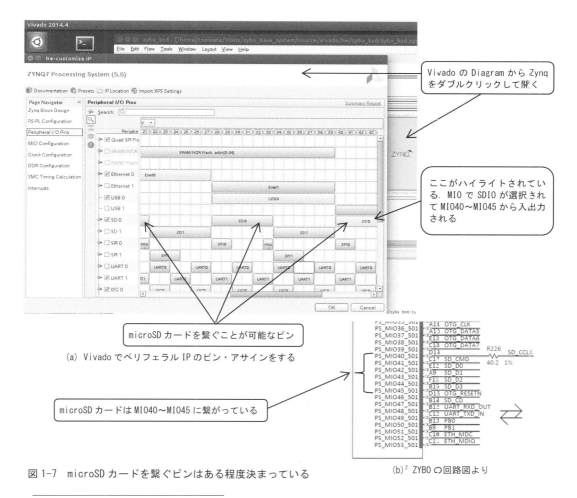

(a) Vivadoでペリフェラル IPのピン・アサインをする

(b)[2] ZYBOの回路図より

図1-7　microSDカードを繋ぐピンはある程度決まっている

---

[1] ハード・マクロIPとはあらかじめ作り込んだIPで，ユーザはそれを変更/削除することはできない．それに対しソフト・マクロIPとはゲートを配線することで作るIP．Spartanなど従来のFPGAの場合，UARTなどはソフト・マクロIPとして提供されている．

11

じめ決まっている（図1-6）．
- ペリフェラル用のI/Oポートもある程度決まっている．例えばmicroSDカードのピン・アサインは図1-7のように開発ツールVivado（第3部第1章などで言及）で設定する．
- コンフィグレーションは基本的にPS部が行う．

✓ ZynqならLinuxを載せたい！

ARM Cortex-A9はとても高速でパワフルなプロセッサです．それにDDR3など高速/大容量のメモリを接続して走らせるわけですから，ベア・メタル（ARMを裸で，OSなしで使う）ではちょっともったいない気がします．Zynqの本当の実力を体感するためには，やはりLinuxのようなOSを載せたいところです．

Zynqのアーキテクチャ

ZynqはPS部とPL部に分かれているのが特徴です．図1-8はZYBOボード搭載XC7Z010-1CLG400Cのアーキテクチャです．

✓ プロセッサとペリフェラルのPS部

図1-8の上の部分がPS部で，その中心にARM Cortex-A9が2個あります．ZYBO搭載のデバイスでは動作速度は最高650MHzになります．

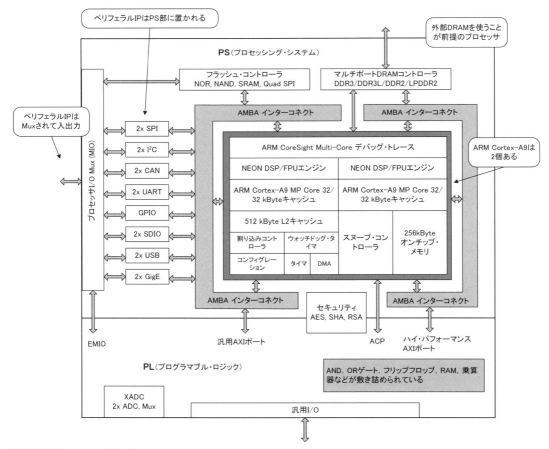

図1-8 Zynqのアーキテクチャ

ARM Cortex-A9 は DDR3 など外部メモリを使うことが前提とされており，それらを制御するための DRAM コントローラがあります．外部メモリとして DDR3/DDR3L/DDR2/LPDDR2 がサポートされています．また，DRAM を接続するピンはデバイスごとに決まっています（図 1-6 参照）．

UART，I²C，SPI，USB，GPIO などのペリフェラルがハード・マクロ IP としてここに置かれています．これらは MIO（Multiplexed I/O）というピンから選択的に入出力されます（図 1-7 参照）．

フラッシュ・メモリ・コントローラや SDIO コントローラもあり，フラッシュ・メモリや SD メモリーカードからブートすることもできます．

✓ 従来の FPGA と同じ PL 部

PL 部はザイリンクスの 7 シリーズである Artix FPGA とほぼ同等です．しかし，コンフィグレーションは PS 部または JTAG ポートから行われ，従来の FPGA ように PROM からこの部分を直接コンフィグレーションすることはできないようです．

このエリアに AND，OR など各種ゲート，フリップフロップ，RAM，乗算器などが多数敷き詰められており，ユーザはそれらをプログラマブルに使用することができます．

1.4　ZYBO ボードの仕様と開発環境

SoC デバイス Zynq を搭載するボードとして ZYBO は安価であり小型でもあります．また国内の複数の代理店が扱っており，その入手性も問題なさそうです（2016 年 2 月時点）．機能的，容量的にも SoC/FPGA の入門としては十分でしょう．開発ツールも無償/無期限で使用できます．

これが SoC 入門の定番ボード ZYBO！

Zynq を搭載した定番ボードといえば「ZedBoard」がありますが，本書で使用するのはより小型で安価な「ZYBO」です（写真 1-2）．

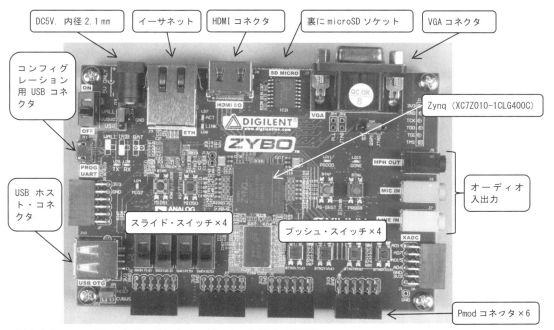

写真 1-2　コンパクトなボードにすべてが詰まった感じの ZYBO

第1部 基礎編／第1章 ARM ベース SoC Zynq とは何か

✓　SoC の入門なら ZYBO がおすすめ

　表 1-1 は ZedBoard と ZYBO の比較です．サイズも価格も半分程度になっています．メインの Zynq デバイスは 1 グレード下がりますが，周辺デバイス，周辺機能はほぼ遜色ないと思います．

✓　Zynq デバイスの性能も SoC 入門には十分

　それでは Zynq デバイスの性能はどうでしょうか．表 1-2 に示すように ZedBoard 搭載の Zynq デバイスと比べて，ZYBO のそれは速度的には遜色ありません．プログラマブル・ロジックの容量は小さくなりますが，それでも SoC の入門としては十分すぎるほどだと思います．

ZYBO を入手して火入れしてみよう！

　ZYBO を購入して箱を開けてみるとボードしか入っていないと思いますが，MicroUSB ケーブルを用意して繋ぐと PC から電源が供給されます．しかし，SoC のような複雑な使い方をする場合，消費電流が増えるので AC アダプタ（5V，内径 2.1 mm）を入手して電源をとるのがよいでしょう．その際は JP7（DC ジャックの隣にあるジャンパ）を「WALL」側にしてください．

✓　出荷時の設定では Quad SPI フラッシュからブートされる

　VGA または HDMI コネクタからディスプレイに繋いで電源を入れると ZYBO は Quad SPI フラッシュからブートアップされます．写真 1-3 のような格子模様が出ると思います．そうならない場合は JP5（VGA コネクタの隣にあるジャンパ）が「QSPI」になっているか確認してください．

表 1-1　ZedBoard より小型で安価な ZYBO

ボード名	ZedBoard	ZYBO（本書で使用）
搭載 Zynq	XC7Z020-1CLG484	XC7Z010-1CLG400C
搭載メモリ（揮発性）　[Byte]	512M DDR3	512M DDR3
搭載メモリ（不揮発性）　[bit]	256M Quad SPI フラッシュ	128M Quad SPI フラッシュ
基板サイズ [mm]	160×134	122×84
価格（税込）	54,000～67,000 円	22,000～25,000 円
購入先（一例）	アヴネットなど	秋月電子通商，アヴネットなど
製造元	Digilent 社	Digilent 社
搭載メモリ（揮発性）　[Byte]	512M DDR3	512M DDR3
搭載メモリ（不揮発性）　[bit]	256M Quad SPI フラッシュ	128M Quad SPI フラッシュ

表 1-2　SoC の入門には十分なデバイス速度と容量

Zynq デバイスの型番	XC7Z020-1CLG484（ZedBoard 搭載）	XC7Z010-1CLG400C（ZYBO 搭載）
プロセッサ・コア	Dual ARM Cortex-A9	Dual ARM Cortex-A9
プロセッサ周波数 [Hz]	667M（MAX）	650M（MAX）
プログラマブル・ロジック・セル	85k（ASIC ゲート換算 1300k）	28k（ASIC ゲート換算 430k）
フリップフロップ	106,400	35,200
ブロック RAM [Byte]	560K	240K
DSP スライス	220	80
外部メモリ（揮発性）	DDR3/DDR2/LPDDR/SDRAM	DDR3/DDR3L/DDR2/LPDDR2
外部メモリ（不揮発性）	2×Quad SPI フラッシュ，NAND，NOR	2×Quad SPI フラッシュ，NAND，NOR
パッケージ	484 ピン BGA	400 ピン BGA
ユーザ I/O 数	54	54
デバイス単価 [円]	17,395（Digikey，執筆当時）	8,483（Digikey，執筆当時）

ZYBOボードの仕様と開発環境

✓ ブートは3種類．LinuxはmicroSDカードから

図1-9にZynqのコンフィグレーション方法を示します．デフォルトではJP5の設定によりQSPIフラッシュからコンフィグレーション・データが読み込まれ，ブートアップされます．

JP5をJTAGにするとPCからコンフィグレーション・データをダウンロードすることができます．JP5を「SD」にするとmicroSDカードからのブートになります．Linuxのような OS を走らせる場合はこの設定になります．

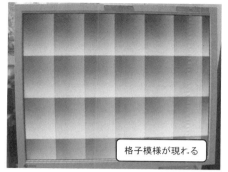

写真1-3 出荷時はQuad SPIからブート

ZYBOボードの開発環境

Zynq内蔵のARM Cortex-A9を使った設計を行う場合，開発ツールは以下の2通り考えられます．

- PlanAhead + Xilinx Platform Studio + Xilinx SDK
- Vivado + Xilinx SDK

本書では無償/無期限で使える後者（Vivado WebPACK）を採用することにします．

✓ 従来のFPGAの開発ステップとはだいぶ様相が変わっている

Vivadoはザイリンクスの最新開発ツールですが，著者が使ってみたところ，従来の同社のツールとは以下のように様相が変わっています．

- 操作がグラフィカルになった．IPブロックを配線して設計するのが基本（ほぼ自動配線なのがうれしい）．
- 以前はISE Project Navigator，PlanAhead，Xilinx Platform Studio，iMPACTなど，ツールが散在して分かりにくかったが，Vivadoに統一された感があり，だいぶすっきりした．
- だいぶ軽くなった印象．特にXilinx Platform Studioは重かったが，Vivadoは論理合成や配置配線が速くなった気がする．

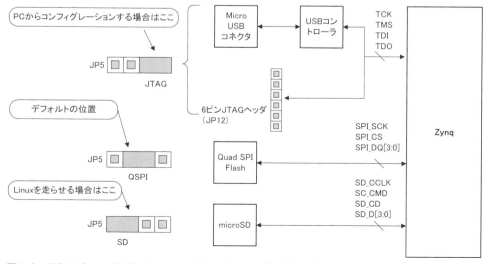

図1-9 JP5のジャンパ位置でコンフィグレーションが切り替わる

第 1 部 基礎編

第2章　PSで Hello World, PLだけで LED 点滅

●本章で使用する Vivado
Vivado WebPACK 2015.4

ZYBO に搭載されている SoC Zynq の設計には，ザイリンクスの Vivado と SDK（Software Development Kit）が必要です．ここでは，これらをインストールして，簡単な設計例を題材に Zynq の設計手順について説明します．

最初は，Zynq の PS 部（Processing System）で "Hello World" を表示するプログラムを作成します．次に，PL 部（Programmable Logic）の回路のみで，LED を点滅させるプログラムを作成します．

2.1　Vivado のインストール

Vivado には有償版と無償版があります．無償版は WebPACK と呼ばれ，設計できるデバイスと機能に制約があります（**表 2-1**）．

32bit OS 用の Vivado は 2014.4 が最終バージョンで，2015.1 からは 64bit OS 用のみがリリースされています．

また，2015.4 からは WebPACK でもロジック・アナライザ（波形観測）と HLS（C/C++言語を使用する高位合成）が利用可能になっています．

WebPACK のインストール手順を**図 2-1~図 2-4** に示します．

ツールをダウンロードするには，ザイリンクスのサイトのアカウントが必要です．アカウントがない場合はユーザ登録してアカウントを作成する必要があります．

初めにインストーラをダウンロードします．そのインストーラを使って Vivado と SDK をインストールします．

インストールが完了したらライセンスを申請して，ライセンスを PC に登録します．

表 2-1　Vivado 有償版と WebPACK の違い

対象/デバイス	Vivado 有償版	WebPACK（2015.4 以降）	WebPACK（2015.3 以前）
対象デバイス	7 シリーズ，Zynq の全デバイス	Artix-7（7A15T - 7A200T）Kintex-7（7K70T, 7K160T）Zynq（XC7Z7010 - XC7Z7030）	←同じ
論理合成	○	○	○
配置配線	○	○	○
シミュレータ	○	○	○
デバイス・プログラマ	○	○	○
IP Integrator	○	○	○
ロジック・アナライザ	○	○	×
シリアル I/O アナライザ	○	○	×
高位合成（HLS）	○	○	×

Vivado のインストール

ザイリンクスのダウンロード・ページ（http://japan.xilinx.com/support/download.html）でインストールする OS 用のインストーラをクリック.
2015.1 以降のバージョンは 64bit OS のみ対応している. 32bit OS を使う場合は 2014.4 のインストーラを選択する

ログインを求められるので, アカウント登録済みの場合はログインする. 登録してない場合は「Create Account」をクリックしてアカウント登録する

ログインすると Download Center のページが表示される. ここで [Next] をクリックすると, インストーラ (Xilinx_Vivado_SDK_2015.4_1118_2_Win64.exe) がダウンロードされるので, インストーラを実行する.
実行時に「MSVCR110.dll がないため、プログラムが開始できません」と表示された場合は
http://www.microsoft.com/ja-jp/download/details.aspx?id=30679
から
VSU4¥vcredist_x86.exe
VSU4¥vcredist_x64.exe
をダウンロードして実行してから, 再度インストーラを実行する

インストーラの「Welcome」画面で対象 OS が表示される. 確認して右下の[Next]をクリック

図 2-1　Vivado, SDK のインストール手順 1

第1部 基礎編／第2章 PSでHello World, PLだけでLED点滅

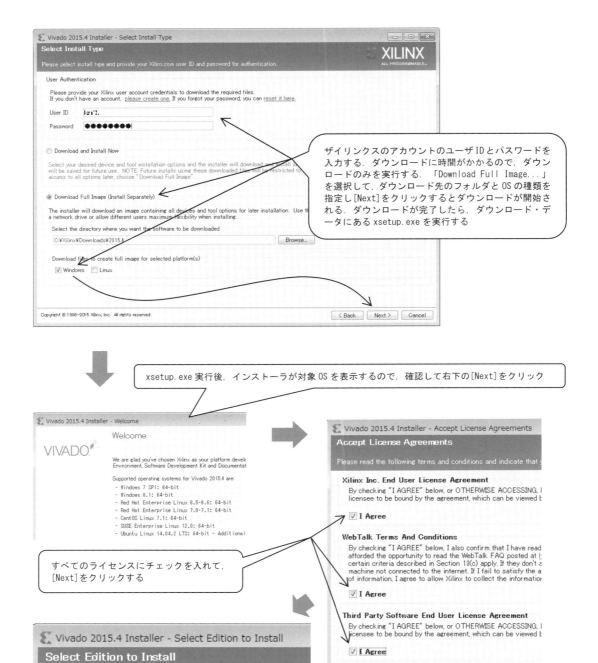

図2-2 Vivado, SDKのインストール手順2

Vivado のインストール

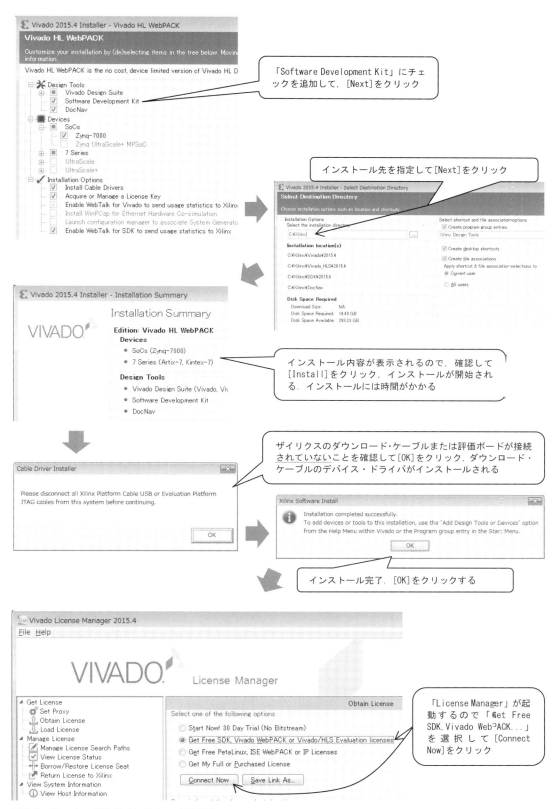

図 2-3　Vivado, SDK のインストール手順 3

第1部 基礎編／第2章 PSでHello World，PLだけでLED点滅

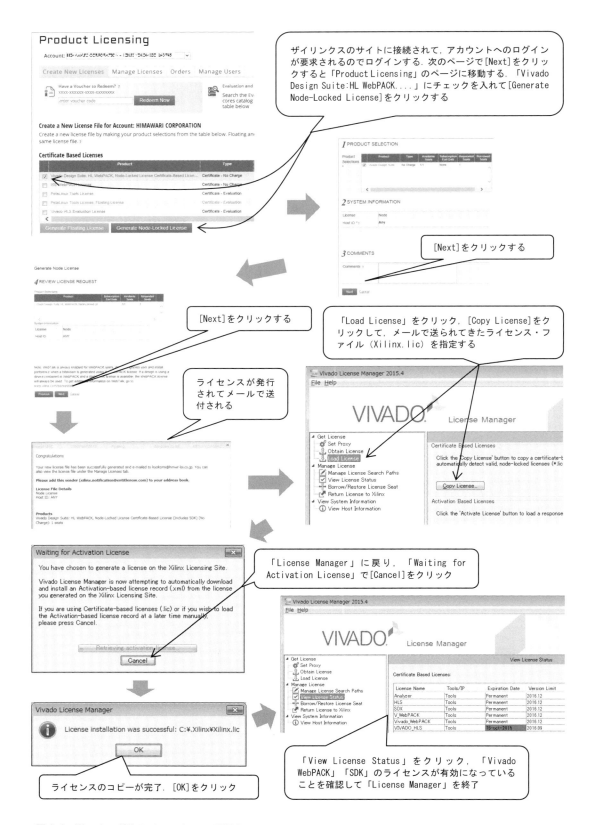

図2-4 Vivado，SDKのインストール手順4

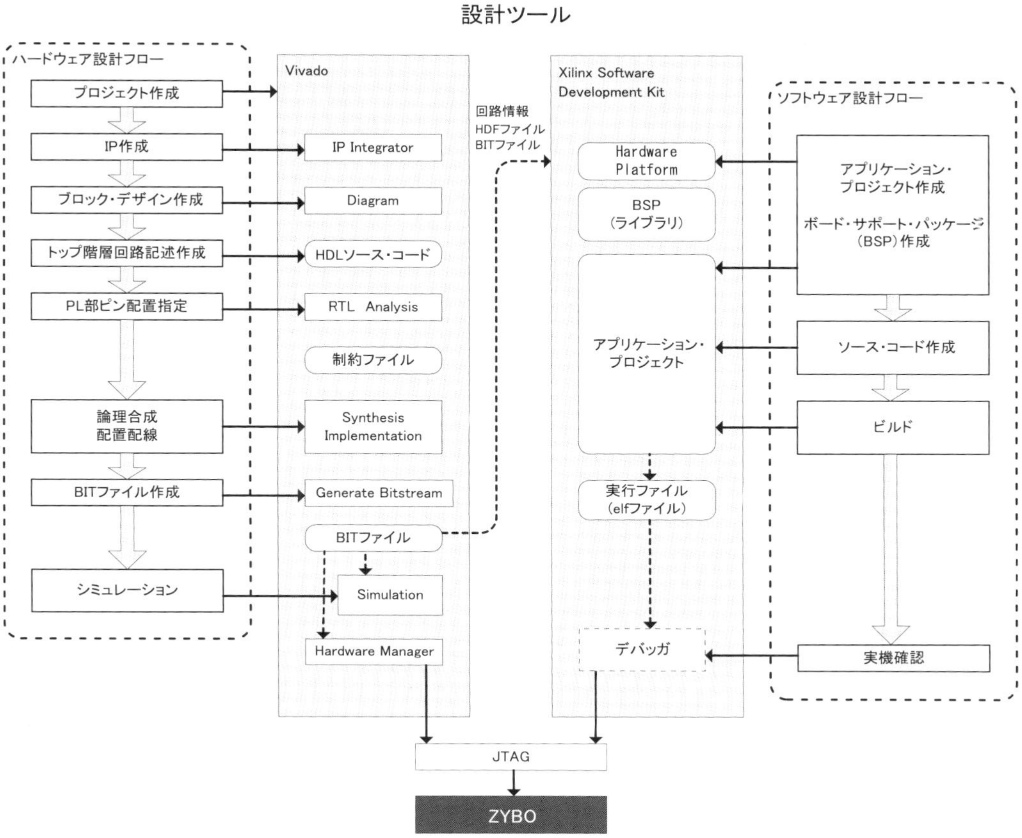

設計ツール

ハードウェア設計フロー

| プロジェクト作成 |
| IP作成 |
| ブロック・デザイン作成 |
| トップ階層回路記述作成 |
| PL部ピン配置指定 |
| 論理合成 配置配線 |
| BITファイル作成 |
| シミュレーション |

Vivado

| IP Integrator |
| Diagram |
| HDLソース・コード |
| RTL Analysis |
| 制約ファイル |
| Synthesis Implementation |
| Generate Bitstream |
| BITファイル |
| Simulation |
| Hardware Manager |

回路情報
HDFファイル
BITファイル

Xilinx Software Development Kit

| Hardware Platform |
| BSP（ライブラリ） |
| アプリケーション・プロジェクト |
| 実行ファイル（elfファイル） |
| デバッガ |

ソフトウェア設計フロー

| アプリケーション・プロジェクト作成 |
| ボード・サポート・パッケージ（BSP）作成 |
| ソース・コード作成 |
| ビルド |
| 実機確認 |

JTAG

ZYBO

図 2-5　設計のフローとツールの関係

2.2　Zynq の設計フロー

　設計に使うツールはハードウェア設計では Vivado，ソフトウェア設計では SDK です．

　設計のフローとツールの関係を**図 2-5** に示します．初めに Vivado を使ってハードウェアを作ります．Vivado には基本的な IP（Intellectual Property）が用意されているので，簡単なハードウェアであれば IP ベースのブロック・デザインで作成できます．ただし，ブロック・デザインはトップ階層に指定できないので，HDL で書かれたトップ階層が必要になります．

　ピン配置指定，論理合成，配置配線，Bit ファイルの作成を行うとハードウェアが完成します．完成したハードウェアの情報を SDK 用データとしてエクスポートして SDK を起動します．SDK ではひな型プロジェクトを生成して，そのプロジェクトをベースにソフトウェアを開発します．

ハードウェアの構築方法

　Vivado 2015.4 を使って ARM コアを使った最小構成のハードウェアを作ります．初めに新規のプロジェクトを作ります（**図 2-6**，**図 2-7**）．

　次にブロック・デザインを作成します（**図 2-8~図 2-10**）．プロセッサの設定で **ZYBO_zynq_def.xml**[1]を読み込むことで，ZYBO に必要なペリフェラルが利用可能な設定になります．

---

[1] 入手先：https://github.com/ucb-bar/fpga-zynq/blob/master/zybo/src/xml/ZYBO_zynq_def.xml（2016 年 1 月時点．以前は Digilent 社のサイトから入手できた）

第1部 基礎編／第2章 PSでHello World，PLだけでLED点滅

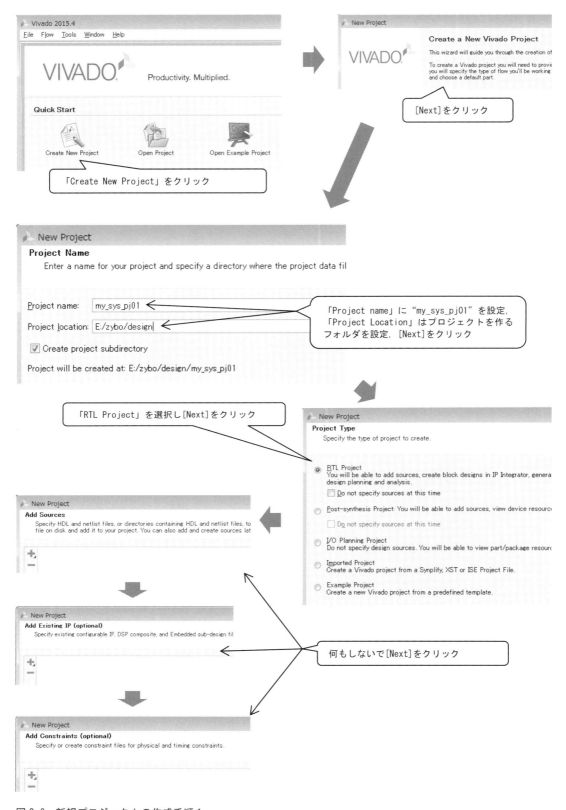

図2-6 新規プロジェクトの作成手順1

Zynq の設計フロー

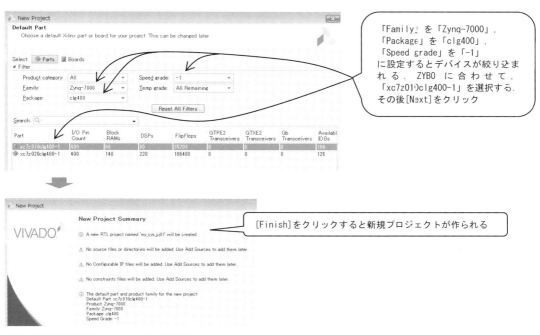

図 2-7　新規プロジェクトの作成手順 2

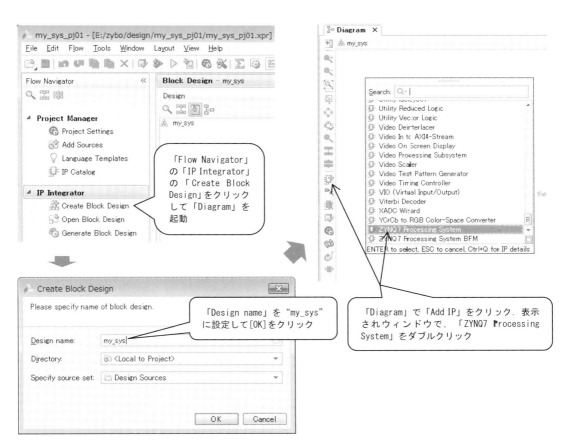

図 2-8　ブロック・デザインの作成手順 1

第1部 基礎編／第2章 PSでHello World, PLだけでLED点滅

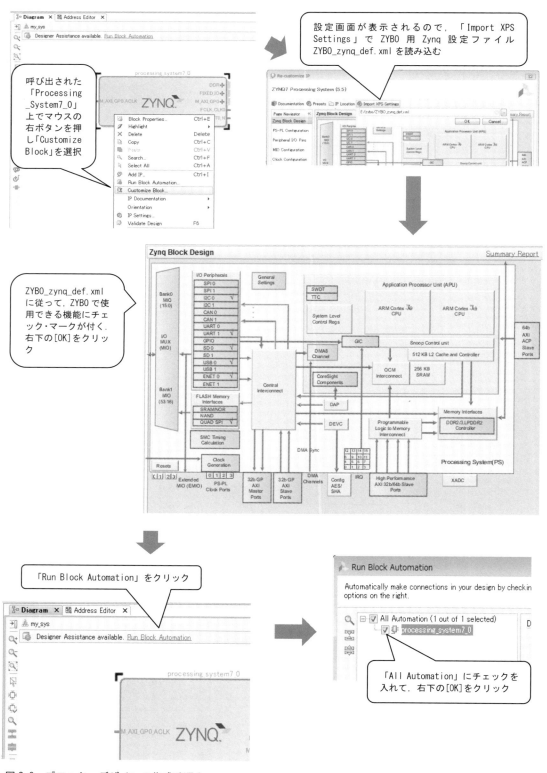

図2-9 ブロック・デザインの作成手順2

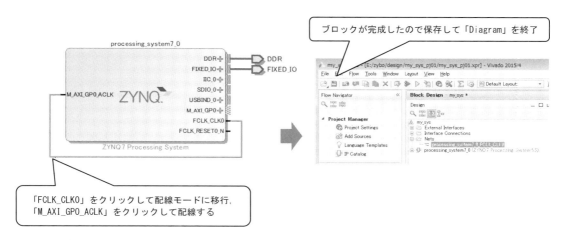

図 2-10 ブロック・デザインの作成手順 3

ブロック・デザインが完成したら，トップ回路になる HDL で書かれたラッパーを作成します．その後に，論理合成，配置配線，Bit ファイル作成を実行し，ハードウェア情報を SDK へエクスポートします（図 2-11，図 2-12）．

ピン配置は，このデザインでは PL 部から入出力信号がないので，不要です．

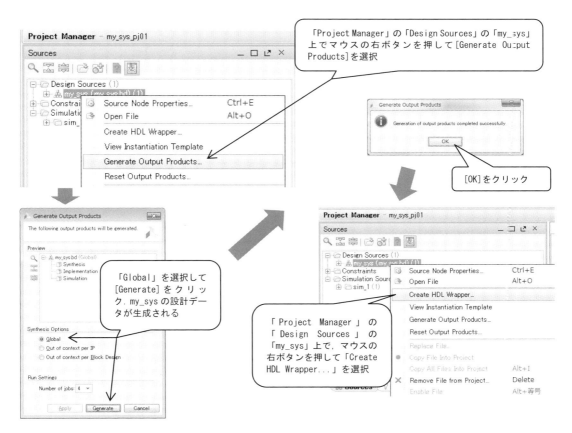

図 2-11 トップ回路作成からエクスポートまでの手順 1

第1部 基礎編／第2章 PSでHello World, PLだけでLED点滅

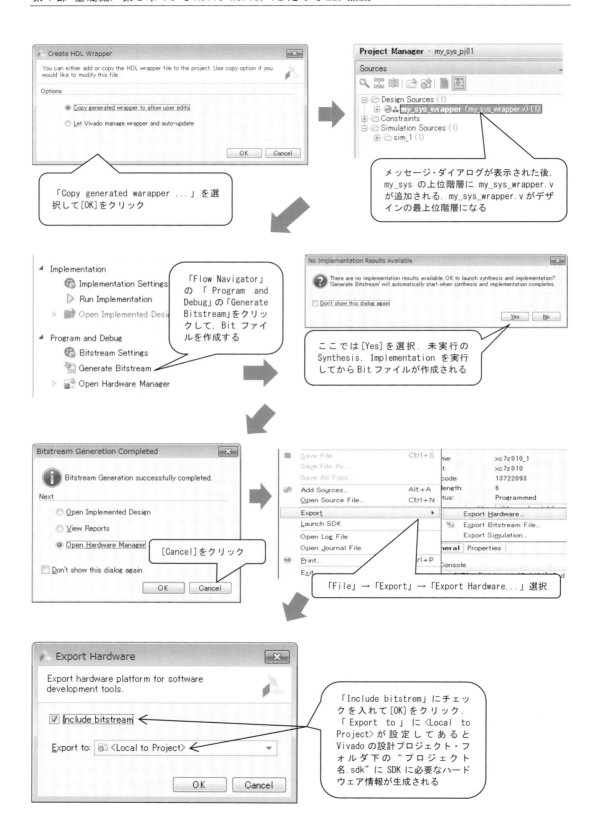

図2-12 トップ回路作成からエクスポートまでの手順2

Zynq の設計フロー

ソフトウェアの開発方法

SDK の起動は，Vivado から「File」→「Launch SDK」を選びます．新規アプリケーション・プログラムの作成手順は，図 2-13，図 2-14 になります．SDK の初回起動時に，Vivado からエクスポートされた情報を元に，Hardware Platform が作られます．

新規アプリケーション・プロジェクトの作成では，ひな型として"Hello World"を選択します．ひな型プロジェクトの作成と同時に，BSP（Board Support Package）として必要なライブラリが作成されます．

プロジェクトが構築されると，自動でビルドまで実行されて，elf ファイル（プログラムの実行ファイル）が作成されます．

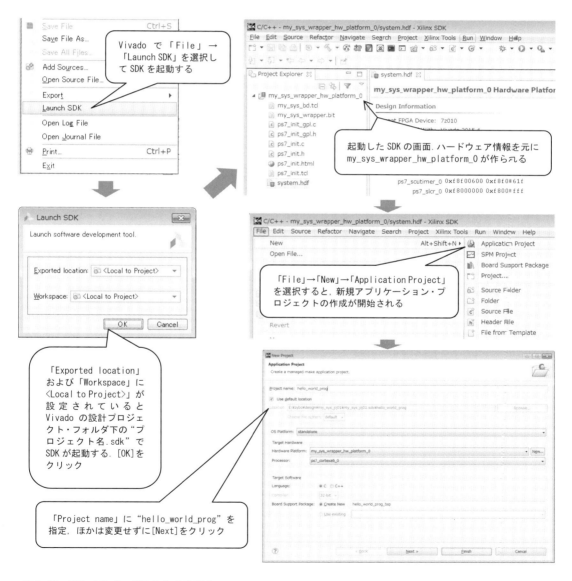

図 2-13　SDK でのプログラム作成手順 1

第1部 基礎編／第2章 PS で Hello World, PL だけで LED 点滅

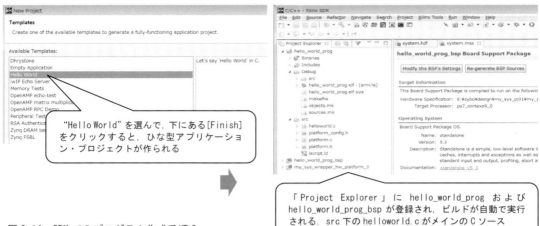

図 2-14 SDK でのプログラム作成手順 2

プログラムの実行方法

ZYBO のジャンパ JP5（前章参照）を「JTAG」に設定して，ZYBO と PC を USB ケーブルで接続します．初回の接続ではデバイス・ドライバがインストールされるので，終了するまで待ちます．デバイス・ドライバがインストールされたら Bit ファイルを FPGA へ書き込みます（**図 2-15**）．

SDK はいったん終了して，Vivado から再起動します．ソフトウェアの実行手順は**図 2-16** です．実行後に SDK のコンソールに "Hello World" と表示されれば正常動作です．

このプログラムで実行時に "Hello World" が 1 回しか表示されません．動作確認で便利なように**リスト 2-1** のように helloworld.c を変更して，メッセージが複数回表示されるようにします．再度プログラムを実行して 1 秒間隔で "Hello World" と回数が表示されれば正常動作です．

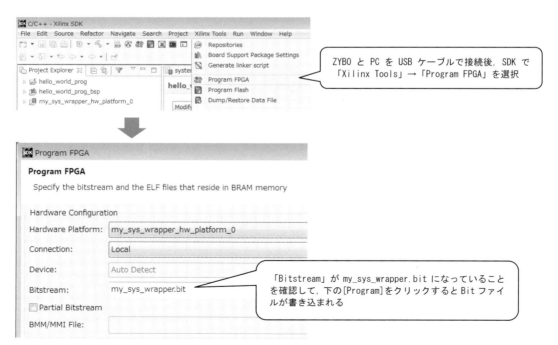

図 2-15 SDK での Bit ファイル書き込み手順

28

PL 部のみで LED の点滅

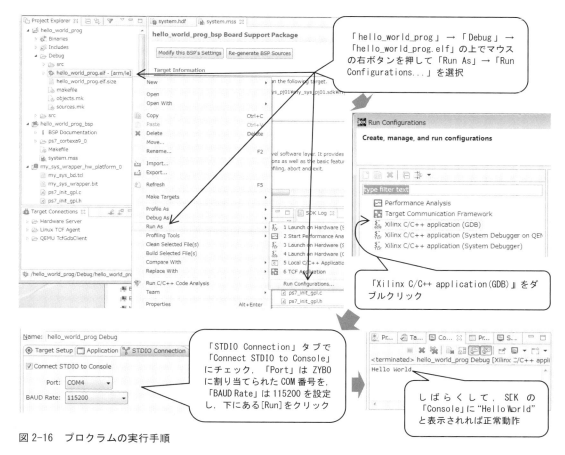

図 2-16 プログラムの実行手順

リスト 2-1 変更した Hello World 表示プログラム helloworld_list1.c

```c
#include <stdio.h>
#include "platform.h"
//void print(char *str);
int main()
{
    int lp;  //追加
    init_platform();
    for(lp=0;lp<1000;lp++) {  //追加
      //print("Hello World \n\r");
      xil_printf("Hello World %d\n\r",lp);  //追加
      sleep(1);  //追加
    } //追加
    cleanup_platform();
    return 0;
}
```

2.3　PL 部のみで LED の点滅

　前節では PS 部を使った設計例を紹介しました．続いて，PL 部のみで動作する LED 点滅回路（図 2-17）を作ります．初めに，新規プロジェクトとして hw_led_blink_pj を作ります．プロジェクトの作成手順は図 2-6，図 2-7 と同様で，プロジェクト名のみを変更します．

RTL ソース・コードの作成

　新規の RTL ソース・コードを作ります（図 2-18），自動生成された RTL ソース・コードは入出力信号の宣言しかありません．エディタを使ってリスト 2-2 の LED 点滅の機能を追加します．

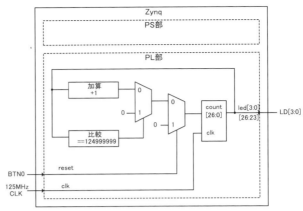

図2-17 PL部のみで作るLED点滅回路

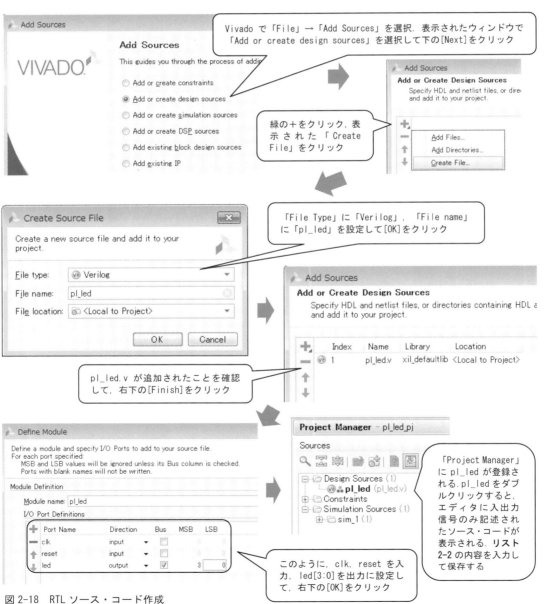

図2-18 RTLソース・コード作成

リスト 2-2　LED 点灯 Verilog HDL ソース pl_led.v

```verilog
module pl_led(
    input clk,
    input reset,
    output [3:0] led
    );
    parameter p_count_1s = 27'd124999999;
    reg [26:0] count;

    always@(posedge clk)
    if(reset==1'b1)
        count <= 27'h0000000;
    else
        if (count == p_count_1s)
            count <= 27'd0;
        else
            count <= count + 27'd1;

    assign led = count[26:23];

endmodule
```

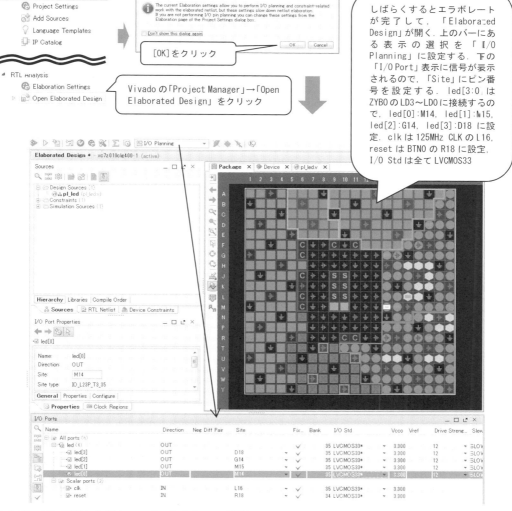

図 2-19　ピン配置から Bit ファイル作成までの手順 1

第1部 基礎編／第2章 PSでHello World, PLだけでLED点滅

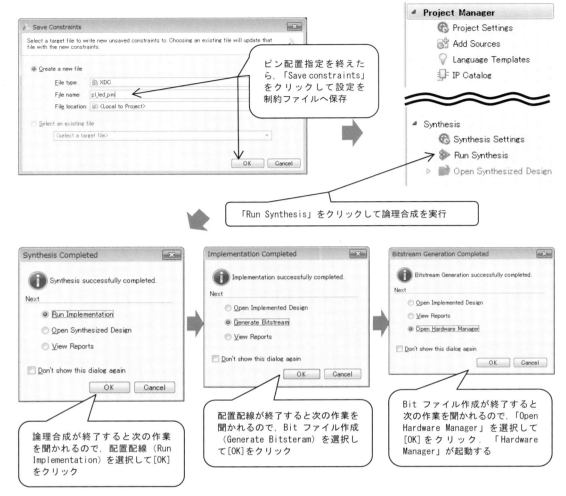

図2-20 ピン配置からBitファイル作成までの手順2

　リスト2-2の処理内容はクロックでカウントしてカウント値が124999999になったら0に戻します．入力クロックが125MHzなので，1秒カウントすると0に戻ります．カウンタ値の上位4bitはLED制御信号として出力しています．

エラボレート

　RTLソース・コードが完成したら，エラボレートを実行してピン配置を決めます（図2-19）．clkはPS部からのクロックではなく，外部から入力されている125MHzクロックに配置指定（L16），リセット信号をプッシュ・スイッチ（BTN0, R18），LED出力信号をLED（LD3～LD0, D18, G14, M15, M14）に配置指定します．

論理合成，インプリメンテーション，Bitファイル作成

　次に，論理合成→インプリメンテーション→Bitファイル作成の順で実行します（図2-20）．
　ここでは各処理を順番に実行しましたが，VivadoはRTLソース・コードや制約ファイルなどの設計リソースが更新された場合は，そのファイルを使う工程までさかのぼってツールを再実行してくれ

PL 部のみで LED の点滅

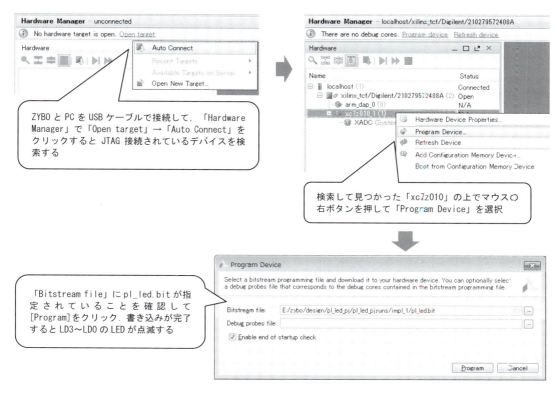

図 2-21　Hardware Maneger での Bit ファイル書き込み手順

ます．設計変更後は Bit ファイルの作成を実行すれば，再実行が必要な処理を自動的に実行してくれます．

LED の点滅の実行

「Hardware Manager」から Bit ファイルを書き込みます．実行手順は図 2-21 です．

書き込みが完了して LD0~LD3 の LED が点滅すれば正常動作です．

このデザインは PS 部から信号を入力していないので，「Hardware Manager」で Bit ファイルを JTAG 経由で FPGA へ書き込むだけで動作します．

PS 部からクロック，リセット信号などを入力している場合は，SDK を起動して PS 部用のプログラムが実行されないと PL 部も動作しません．

また，PS 部から信号を入力していない回路の場合でも，microSD カード，QSPI からの起動では，PL 部の起動は PS 部が実行するので，PS 部の起動用プログラムが必要です．

第 1 部基礎編

第3章　IP ベースで作る LED 点灯回路

●本章で使用する Vivado
Vivado WebPACK 2015.4

　図 3-1 は，SoC Zynq-7000 の設計ツール Vivado で使用できる IP（Intellectual Property）の一部です．ザイリンクスは自社の SoC/FPGA 向けにさまざまな IP を提供しています．AMBA AXI（Advanced Microcontroller Bus Architecture　Advanced eXtensible Interface）に対応した IP も数多く用意されていることが分かります．

　IP を使ったシステム設計には，IP の接続をブロック・デザイン（Vivado のブロック図）上でできる IP Integrator が利用できます．Zynq の ARM プロセッサも IP としてブロック・デザインに配置して使用できるので，システム設計がとても容易に行えます．

　本章では，IP ベース設計の入門として AXI GPIO を使った LED 点灯回路を紹介します．

3.1　設計ツールは Vivado 2015.4 WebPACK と SDK

　設計に使用したツールは前章と同様に Vivado 2015.4 WebPACK および SDK です．インターネットでザイリンクスに申請すると発行される無償ライセンスでどちらのツールも使用できます．

　Vivado 2015.1 からは 64bit OS 専用ツールなったので，32bit OS では使えません．32bit 対応の最終版は Vivado 2014.4.1 です．

Name	AXI4	Status	License	VLNV
⊟ Vivado Repository				
⊟ Alliance Partners				
⊟ Northwest Logic				
AXI DMA Back-End Core	AXI4, AXI4-Stream	Production	Included	nwlogic.com:...
⊟ Xylon				
2D Graphics Accelerator Bit Block Tran...	AXI4	Production	Included	logicbricks.c...
Audio I2S Transmitter/Receiver	AXI4	Production	Included	logicbricks.c...
Bitmap 2.5D Graphics Accelerator	AXI4	Production	Included	logicbricks.c...
I2C Bus Master Controller	AXI4	Production	Included	logicbricks.c...
Multilayer Video Controller	AXI4	Production	Included	logicbricks.c...
Perspective Transformation and Lens C...	AXI4, AXI4-Stream	Production	Included	logicbricks.c...
Scalable 3D Graphics Accelerator	AXI4	Production	Included	logicbricks.c...
SD Card Host Controller	AXI4	Production	Included	logicbricks.c...
⊟ Automotive & Industrial				
⊟ Automotive				
AXI CAN	AXI4	Production	Purchase	xilinx.com:ip:...
⊟ AXI Infrastructure				
AXI-Stream FIFO	AXI4, AXI4-Stream	Production	Included	xilinx.com:ip:...
AXI4-Stream Accelerator Adapter	AXI4, AXI4-Stream	Production	Included	xilinx.com:ip:...
AXI4-Stream Broadcaster	AXI4-Stream	Production	Included	xilinx.com:ip:...
AXI4-Stream Clock Converter	AXI4-Stream	Production	Included	xilinx.com:ip:...
AXI4-Stream Combiner	AXI4-Stream	Production	Included	xilinx.com:ip:...
AXI4-Stream Data FIFO	AXI4-Stream	Production	Included	xilinx.com:ip:...
AXI4-Stream Data Width Converter	AXI4-Stream	Production	Included	xilinx.com:ip:...
AXI4-Stream Interconnect		Production	Included	xilinx.com:ip:...
AXI4-Stream Interconnect	AXI4-Stream	Production	Included	xilinx.com:ip:...
AXI4-Stream Protocol Checker	AXI4-Stream	Production	Included	xilinx.com:ip:...

図 3-1　Vivado で利用可能な IP の一部

3.2　IPベース設計ツール IP Integrator の使い方

初めに，GPIOを使ったLED点灯回路を作ります．作業手順を図3-2~図3-4に示します．Vivadoでプロジェクト作成，ブロック・デザイン作成，IPの追加，トップ記述作成，ピン配置，論理合成，配置配線を行い，Bitファイルを作成します．ブロック・デザインの作成時，ZYNQ7 Processing Systemの設定に使用するZYBO用定義ファイルはZYBO_zynq_def.xml[1]です．

ブロック・デザインの上位階層HDL記述のvideo_sys_wrapper.vは自動生成できますが，ブロック・デザイン変更後に再生成すると上書きされるので，ユーザが追加した記述は消えてしまいます．

そこで，video_sys_wrapper.vをvideo_sys_top.vとして保存して，メニューの[File]→[Add Source]でプロジェクトに追加します．そして，video_sysのインスタンスをvideo_sys_wrapperに変更して1階層上の回路記述にします．このvideo_sys_top.vの変更は自動生成時に上書きされません．変更内容はリスト3-1です．出力信号のgpio_rtl_tri_oを削除してled信号4本を追加します．以下のassign文でgpio_rtl_tri_o下位4bitを出力端子ledへ出力しています．

```
assign led = {gpio_rtl_tri_o[3:0]};
```

ピン配置はVivadoの「Open Elaborated Design」で行います．追加したled信号4本の配置と信号レベル（LVCMOS33）を指定します（前章参照）．ほかの信号はPS部からの信号なので配置済みになっています．

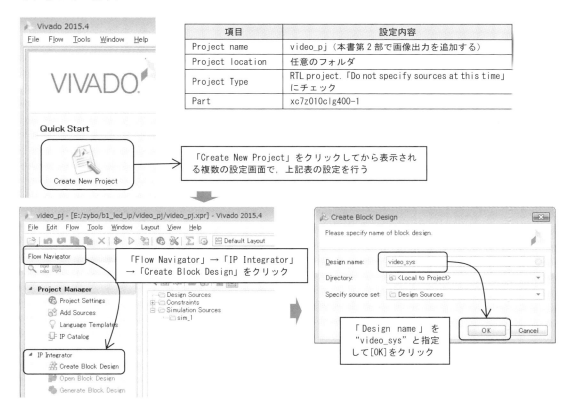

図3-2　IPベースで作るLED点灯回路の開発手順1

---

[1] 入手先：https://github.com/ucb-bar/fpga-zynq/blob/master/zybo/src/xml/ZYBO_zynq_def.xml（2016年1月時点．以前はDigilent社のサイトから入手できた）

第1部 基礎編／第3章 IPベースで作るLED点灯回路

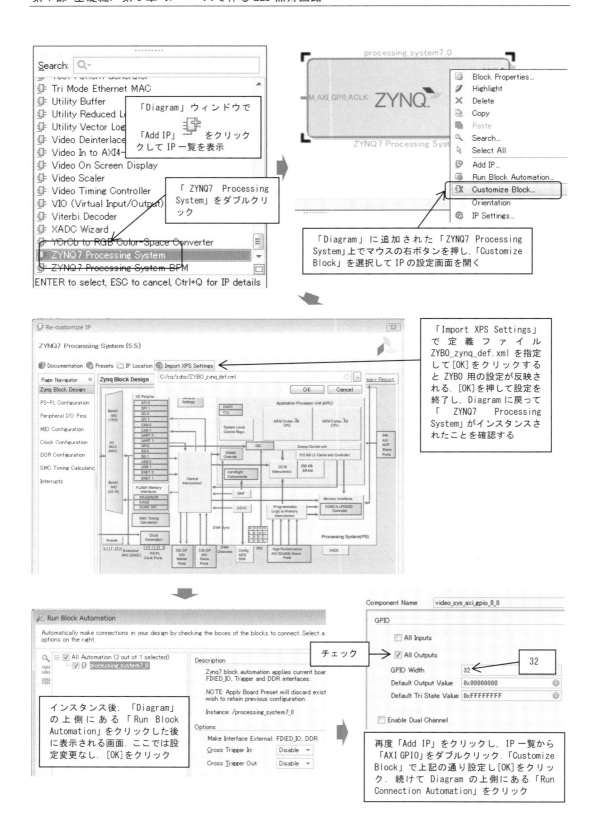

図3-3 IPベースで作るLED点灯回路の開発手順2

IP ベース設計ツール IP Integrator の使い方

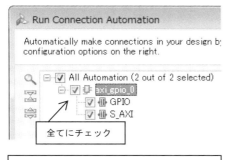
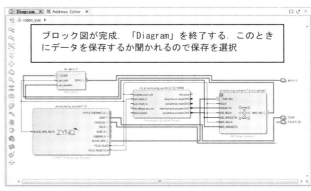

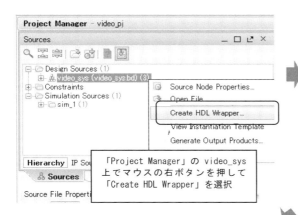
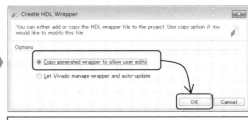

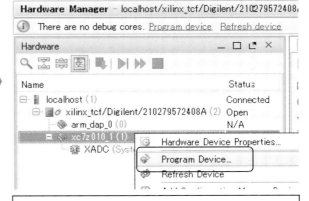

図 3-4　IP ベースで作る LED 点灯回路の開発手順 3

第1部 基礎編／第3章 IPベースで作るLED点灯回路

リスト3-1　トップ回路 video_sys_top.v の変更内容

```
//module video_sys_wrapper //削除
module video_sys_top //追加 モジュール名変更
    (DDR_addr,
--途中省略--
    FIXED_IO_ps_srstb,
    //gpio_rtl_tri_o //削除
    led);            //追加
--途中省略--
    //output [31:0]gpio_rtl_tri_o; //削除
    output [3:0]led;              //追加
--途中省略--
    //video_sys video_sys_i                 //削除
    video_sys_wrapper video_sys_wrapper_i  //追加 インスタンスを video_sys_wrapper に変更
--途中省略--
assign led = [gpio_rtl_tri_o[3:0]];      //追加
endmodule
```

3.3　GPIO制御用プログラムの作成

　ソフトウェア開発はSDKを使います．**図3-5**がソフトウェア開発手順です．初めにひな型のHello World表示プログラムで動作を確認します．動作確認後，Cソース・コード（helloworld.c）を**リスト3-2**に変更してGPIOを制御してLEDを点灯させます．

　各IPの制御用関数はあらかじめ用意されています．**リスト3-2**では初期化にXGpio_Initialize関数，GPIO出力にXGpio_DiscreteWrite関数を使用しています．

　制御用関数の情報はSDKに表示されているsystem.mssのIP名の隣のDocumentationにリンクされています．また，Import Examplesで追加されるソース・コードも制御の参考になります．実機テストで四つのLEDが点灯すれば正常に動作しています．

リスト3-2　変更した helloworld.c

```
#include <stdio.h>
#include "platform.h"
#include "xparameters.h" // ベース・アドレスなどの定義
#include "xgpio.h"       // GPIO用ヘッダ・ファイル

#define LED_DELAY 100000000

XGpio Gpio; //GPIO用構造体

int main()
{
  int i;
  volatile int Delay;
  int Status;

  init_platform();
  print("Hello World\n\r");
  Status = XGpio_Initialize(&Gpio, XPAR_GPIO_0_DEVICE_ID); // GPIO初期化

  if (Status != XST_SUCCESS) {
    return XST_FAILURE;
  }

  while(1){
    for(i=0; i<16; i++){
      XGpio_DiscreteWrite(&Gpio, 1, (u32)i); // GPIO出力
      for(Delay=0; Delay<LED_DELAY; Delay++);
    }
  }
  cleanup_platform();
  return 0;
}
```

GPIO制御用プログラムの作成

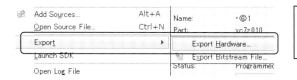

Vivadoで「File」→「Export」→「Export Hardware」を選択．「Include Bitstream」を選択して[OK]をクリック（第1部第2章図2-12参照）

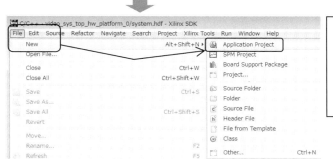

Vivadoで「File」→「Launch SDK」を選択するとSDKが起動する．SDKで「File」→「New」→「Application Project」を選択する．新規アプリケーション・プロジェクトの設定になるので，「Project name」を"gpio_prog"とし，他の設定はデフォルトのままで[Finish]をクリック

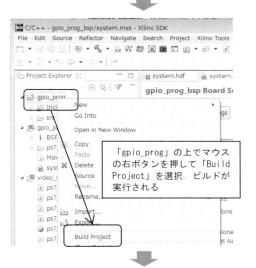

「gpio_prog」の上でマウスの右ボタンを押して「Build Project」を選択．ビルドが実行される

SDKの「Console」に"Hello World"と表示されたらhelloworld.cを修正し保存．再度ビルドを実行してLEDが点滅すれば正常動作

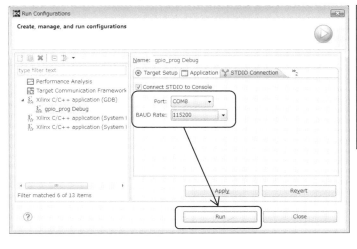

「gpio_prog」→「Debug」→「gpio_prog.elf」上でマウスの右ボタンを押して「Run As」→「Run Configuration」を選択する．「Xilinx C/C++ application(GDB)」をダブルクリックする．「STDIO Connection」タブで「Port」と「BAUD Rate」を設定する．「BAUD Rate」は115200に設定．その後，[Run]をクリックするとプログラムが実行される

図3-5 ソフトウェアの開発手順

第 1 部基礎編

第4章　microSD，QSPI から起動する方法

●本章で使用する Vivado
Vivado WebPACK 2015.4

　ZYBO には，搭載されている Zynq のコンフィグレーション方法として JTAG 経由の起動，microSD カードからの起動，QSPI（Quad SPI）フラッシュ・メモリからの起動の三つが用意されています．

　JTAG 経由の起動は既に使用しているので，ここでは，microSD カード，QSPI フラッシュ・メモリから自作したシステムを ZYBO で起動する方法を紹介します．

4.1　Zynq の起動シーケンス

　具体的な操作方法に入る前に，Zynq が起動するまでの動きを説明します．

　Zynq に電源が入ると，ARM コアはブート ROM にあるブート・プログラムを実行します．ブート・プログラムはコンフィグレーション・モード端子の設定で動作が決まります．

端子設定が JTAG の場合

　端子設定が JTAG の場合は，JTAG からアクセスを受け付けできる状態を保持していて，JTAG からの書き込み後に起動します．

端子設定が SD カードの場合

　SD カードに指定されていた場合は SD カード，または microSD カード内の BOOT.bin（起動用ファイル）を読み込みます．BOOT.bin の中にある FSBL（First Stage Boot Loader）を実行して，Bit ファイル（回路情報）とユーザ・プログラムを読み込んで実行します．

端子設定が QSPI の場合

　QSPI フラッシュ・メモリに設定した場合も SD カードと同様に QSPI フラッシュ・メモリ内の BOOT.bin または FSBL を読み込んで実行します．起動時の詳細は参考文献（1）に情報があります．

4.2　BOOT.bin の作成

　SD カード，QSPI フラッシュ・メモリからの起動には，ともに BOOT.bin を使用します．

　第 1 部第 2 章で用意したプロジェクト（my_sys_pj01）で BOOT.bin を作成してみます．作成手順を図 4-1 に示します．まずは Vivado で Bit ファイルを作成して，起動後に実行するプログラムを SDK で実行できることを確認してください．

　次に，ブート用プログラムの FSBL を作成します．起動後に実行したいアプリケーション・プロジェクトの「Create Boot Image」で FSBL の elf ファイル，回路情報の Bit ファイル，起動後に実行する elf ファイルを含んだ BOOT.bin ファイルを作成します．

BOOT.binの作成

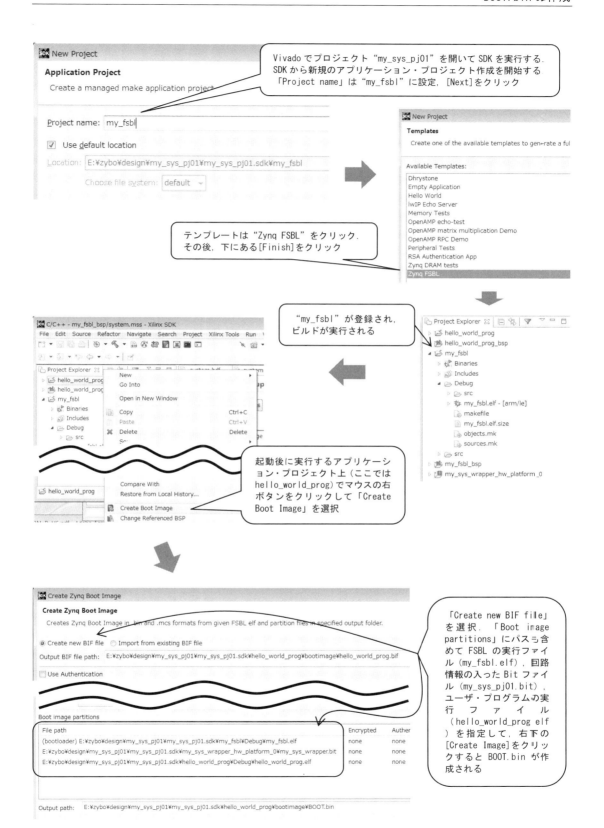

図4-1 BOOT.binの作成手順

4.3　microSDカードから起動する方法

microSDカードから起動する方法を紹介します．手順は図4-2です．作成済みのBOOT.binファイルをmicroSDカードに書き込みます．

microSDカードをZYBOのmicroSDカード・スロットに挿入し，ZYBOのJP5を「SD」に設定して電源を投入します．

Tera Termなどのターミナル・ソフトウェア（シリアル通信端末）で，ZYBOに割り当てられたCOMポートにボー・レート115200で接続します．"Hello World"と表示回数を示す数字が表示されれば正常動作です．

4.4　QSPIフラッシュ・メモリから起動する方法

QSPIフラッシュ・メモリからの起動する方法を紹介します．手順は図4-3です．書き込むデータはmicroSDカードの場合と同様に作成したBOOT.binです．作成手順は図4-1を参照してください．

QSPIフラッシュ・メモリへの書き込みはVivadoの「Hardware Manager」を使用します．FSBLを指定できますが，ここで使用するBOOT.binはFSBLを含んでいるので指定しません．

書き込みが完了したらZYBOの電源を切り，JP5を「QSPI」に設定して再度電源を投入します．microSDカードの場合と同様に，シリアル端末からメッセージが表示されれば正常動作です．

4.5　工場出荷時のQSPIフラッシュ・メモリのデータ

ZYBOの工場出荷時にはQSPIフラッシュ・メモリにLinuxのデモが書き込まれています．QSPIフラッシュ・メモリに新しいデータを書き込むとLinuxのデモは消去されて実行できなくなります．

工場出荷時のQSPIフラッシュ・メモリのデータがあれば復旧できますが，Digilent社からは公開されていません（2016年1月時点）．工場出荷時のLinuxのデモが必要な場合はQSPIに新しいデータを書き込まないようにします．

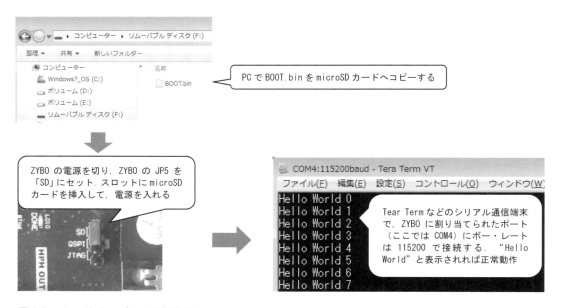

図4-2　microSDカードからの起動手順

工場出荷時のQSPIフラッシュ・メモリのデータ

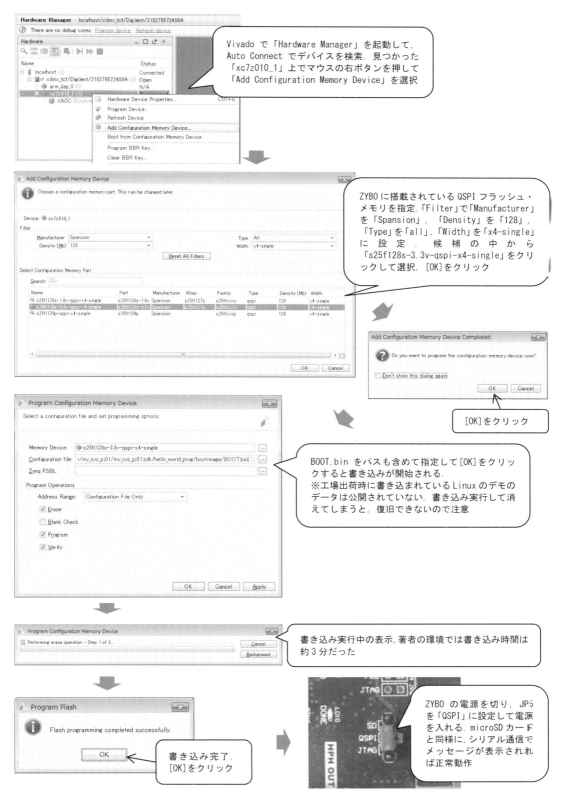

図4-3 QSPIフラッシュ・メモリからの起動手順

第2部ベア・メタル編

第1章　IPで作る画像処理システム−画像表示回路の作成

●本章で使用する Vivado
Vivado WebPACK 2015.4

　第1部第3章では，IP Integrator を使って IP ベース設計の基礎として AXI GPIO を使った LED 点灯回路を紹介しました．

　第2部第1章~第5章では，第1部第3章のプロジェクトをベースに画像処理システムを作成します．各章の題材は以下の通りです．

- 第1章：画像表示回路の作成
- 第2章：AXI 回路作成と IP パッケージ登録
- 第3章：HDMI→VGA 変換回路の作成
- 第4章：VRAM インターフェースの作成
- 第5章：HLS を使った画像処理回路の作成

　本章では，ザイリンクスが提供している画像表示用 IP を組み合わせて，ZYBO に画像表示回路を構築する手順を紹介します．画像表示回路の動作中の様子を**写真1-1**に示します．

1.1　構築する画像表示回路の構成

　図1-1が構築する画像表示回路の構成です．画像データは PS 部（Processing System）で動作するソフトウェア（C プログラム）で生成し，DDR3 メモリに保存します．PL 部（Programmable Logic）は LED 点灯用 GPIO，DDR3 メモリからデータを読み出す VDMA，画像タイミングを生成する VTC，画像を出力する VOUT，クロック分周器 CLK_WIZ で構成されています．

　画像データの流れは**図1-1**に示されている通り，まず PS 部で作成した画像データが DDR3 メモリに書き込まれます．そして，PL 部にある画像出力回路が画像表示タイミングに合わせて，VDMA で DDR3 メモリから読み出します．画像の解像度は 720p（1280×720）に設定します．

1.2　画像表示用 IP を追加して画像表示回路を構築

　第1部第3章の LED 点灯回路（プロジェクト名：video_pj）に画像表示に使う IP を追加していきます．作業手順を**図1-2**に示します．使用する IP は以下になります．

- AXI Video Direct Memory Access（VDMA）
- Video Timing Controller（VTC）
- AXI4-Stream Video Out（VOUT）
- Clocking Wizard（CLK_WIZ）

画像表示用IPを追加して画像表示回路を構築

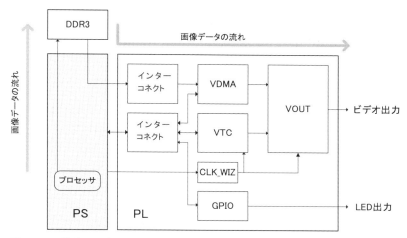

図1-1 画像表示回路の構成（VDMA：AXI Video Direct Memory Access, VTC：Video Timing Controller, VOUT：AXI4-Stream Video Out, CLK_WIZ：Clocking Wizard）

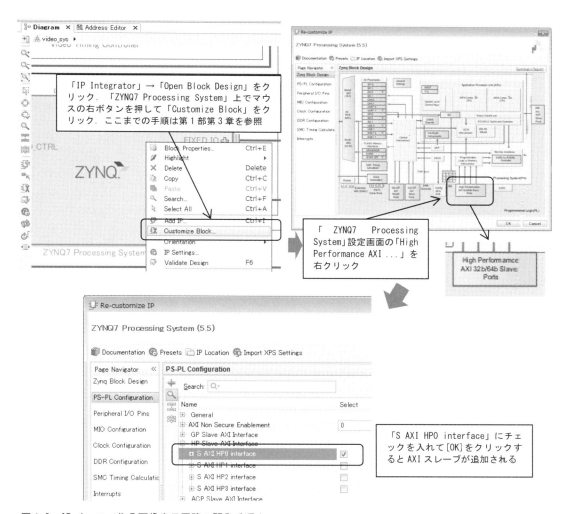

図1-2 IPベースで作る画像表示回路の開発手順1

第2部 ベア・メタル編／第1章 IPで作る画像処理システム－画像表示回路の作成

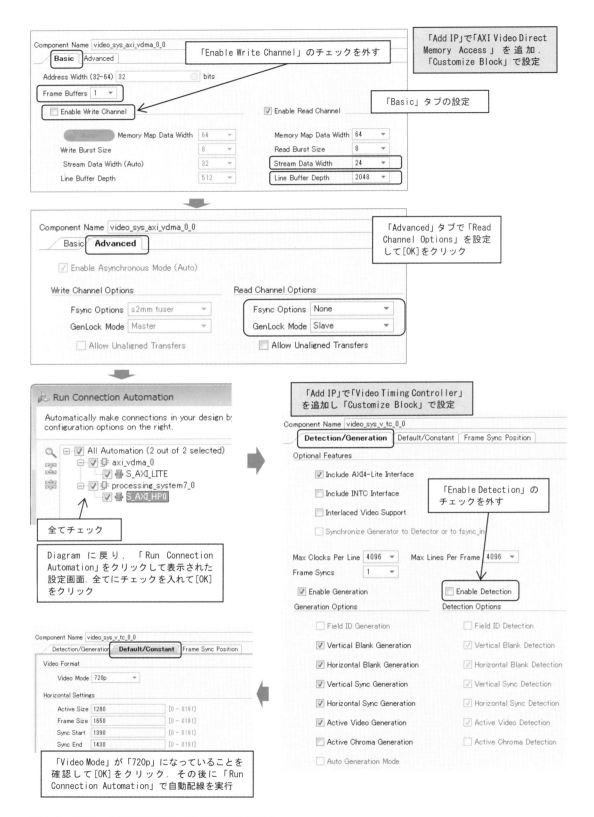

図1-3 IPベースで作る画像表示回路の開発手順2

画像表示用IPを追加して画像表示回路を構築

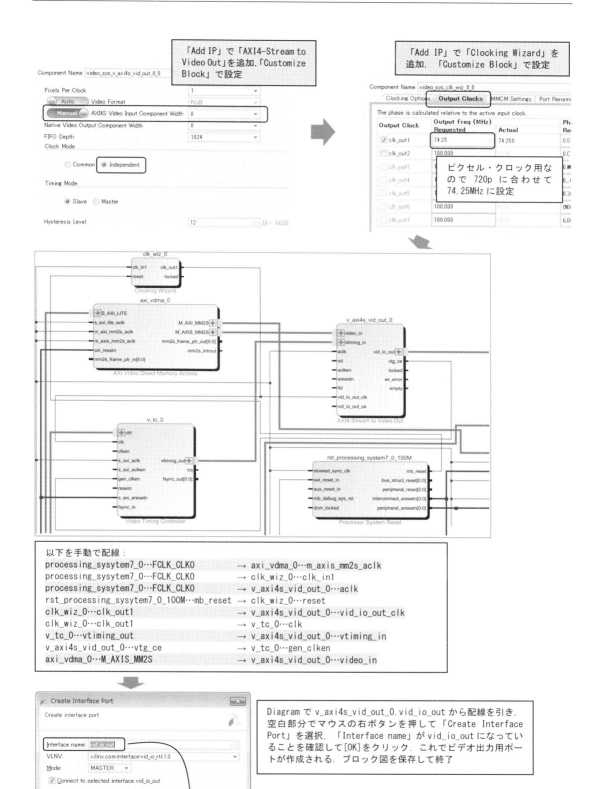

図1-4 IPベースで作る画像表示回路の開発手順3

第 2 部　ベア・メタル編／第 1 章　IP で作る画像処理システム－画像表示回路の作成

リスト 1-1　video_sys_top.v のビデオ出力信号（ソース・コード全体は付属 CD-ROM を参照）

```
module video_sys_top                         wire vid_io_out_vsync;          //追加
  (                                          wire vo_en;                     //追加
  ～途中省略～
   led,                                       //video_sys video_sys_i
   vo_vsync,  //追加                           video_sys_wrapper video_sys_wrapper_i
   vo_hsync,  //追加                             (
   vo_r_data, //追加                             ～途中省略～
   vo_g_data, //追加                               .gpio_rtl_tri_o(gpio_rtl_tri_o),
   vo_b_data  //追加                               .vid_io_out_active_video(vid_io_out_active_video), //追加
  );                                              .vid_io_out_data(vid_io_out_data),        //追加
  ～途中省略～                                      .vid_io_out_field(vid_io_out_field),       //追加
output [3:0]led;                                  .vid_io_out_hblank(vid_io_out_hblank),      //追加
output vo_vsync; //追加                            .vid_io_out_hsync(vid_io_out_hsync),       //追加
output vo_hsync; //追加                            .vid_io_out_vblank(vid_io_out_vblank),      //追加
output [4:0]vo_r_data; //追加                       .vid_io_out_vsync(vid_io_out_vsync)        //追加
output [5:0]vo_g_data; //追加                      );
output [4:0]vo_b_data; //追加
  ～途中省略～                                    assign led = {gpio_rtl_tri_o[3:0]};
wire [31:0]gpio_rtl_tri_o;                      assign vo_vsync = vid_io_out_vsync; //追加
wire vid_io_out_active_video; //追加             assign vo_hsync = vid_io_out_hsync; //追加
wire [23:0]vid_io_out_data;   //追加             assign vo_en=((vid_io_out_vblank==1'b1)||(vid_io_out_hblank==1'b1))?1'b0:1'b1; //追加
wire vid_io_out_field;        //追加             assign vo_r_data=(vo_en==1'b0)?5'b00000:vid_io_out_data[7:3];   //追加
wire vid_io_out_hblank;       //追加             assign vo_g_data=(vo_en==1'b0)?6'b000000:vid_io_out_data[15:10]; //追加
wire vid_io_out_hsync;        //追加             assign vo_b_data=(vo_en==1'b0)?5'b00000:vid_io_out_data[23:19];  //追加
wire vid_io_out_vblank;       //追加
                                             endmodule
```

⊟ 🗔 vid_io_out_63919 (2)	OUT		☑	34	LVCMOS33*
⊟ 🗔 Scalar ports (2)			☑		
☑ vo_hsync	OUT	P19 ▼	☑	34	LVCMOS33*
☑ vo_vsync	OUT	R19 ▼	☑	34	LVCMOS33*
⊟ 🗔 vo_b_data (5)	OUT		☑	(Multiple)	LVCMOS33*
☑ vo_b_data[4]	OUT	G19 ▼	☑	35	LVCMOS33*
☑ vo_b_data[3]	OUT	J18 ▼	☑	35	LVCMOS33*
☑ vo_b_data[2]	OUT	K19 ▼	☑	35	LVCMOS33*
☑ vo_b_data[1]	OUT	M20 ▼	☑	35	LVCMOS33*
☑ vo_b_data[0]	OUT	P20 ▼	☑	34	LVCMOS33*
⊟ 🗔 vo_g_data (6)	OUT		☑	(Multiple)	LVCMOS33*
☑ vo_g_data[5]	OUT	F20 ▼	☑	35	LVCMOS33*
☑ vo_g_data[4]	OUT	H20 ▼	☑	35	LVCMOS33*
☑ vo_g_data[3]	OUT	J19 ▼	☑	35	LVCMOS33*
☑ vo_g_data[2]	OUT	L19 ▼	☑	35	LVCMOS33*
☑ vo_g_data[1]	OUT	N20 ▼	☑	34	LVCMOS33*
☑ vo_g_data[0]	OUT	H18 ▼	☑	35	LVCMOS33*
⊟ 🗔 vo_r_data (5)	OUT		☑	35	LVCMOS33*
☑ vo_r_data[4]	OUT	F19 ▼	☑	35	LVCMOS33*
☑ vo_r_data[3]	OUT	G20 ▼	☑	35	LVCMOS33*
☑ vo_r_data[2]	OUT	J20 ▼	☑	35	LVCMOS33*
☑ vo_r_data[1]	OUT	L20 ▼	☑	35	LVCMOS33*
☑ vo_r_data[0]	OUT	M19 ▼	☑	35	LVCMOS33*

図 1-5　ピン配置指定

　VDMA はインターコネクトを介して PS 部の「S AXI HP0」に接続されます．VTC は 720p（1280 ×720）に設定します．それにともない CLK_WIZ で 720p のピクセル・クロック用に 74.25MHz を生成します．

　ブロック・デザインが完成したら video_sys_wrapper.v を再生成し，ビデオ出力信号を video_sys_top.v に追加します．このとき，ブランク・エリアではデータ出力信号が 0 になるように記述します（**リスト 1-1** 参照）．ビデオ出力信号のピン配置指定［**図 1-5**．参考文献（1）参照］，論理合成，配置配線を実行して Bit ファイルを作成します．

1.3　　画像表示用プログラムの作成

　リスト 1-2 は画像表示用プログラムの一部です．VDMA 設定では XAxiVdma_WriteReg 関数で VDMA のレジスタに直接設定値を書き込んでいます．

　start adr では画像データの先頭アドレスを指定しています．h_size では水平方向のサイズを指定します．1 ピクセル当たり 3Byte の情報があるので，

48

画像表示用プログラムの作成

リスト 1-2　画像表示用プログラム helloworld_video.c（一部）

```
//VDMA 設定
XAxiVdma_WriteReg(XPAR_AXI_VDMA_0_BaseADDR, 0x0, 0x4);        //reset
XAxiVdma_WriteReg(XPAR_AXI_VDMA_0_BaseADDR, 0x0, 0x8);        //gen-lock
XAxiVdma_WriteReg(XPAR_AXI_VDMA_0_BaseADDR, 0x5C, 0x08000000);//start adr
XAxiVdma_WriteReg(XPAR_AXI_VDMA_0_BaseADDR, 0x54, 1280*3);    //h_size
XAxiVdma_WriteReg(XPAR_AXI_VDMA_0_BaseADDR, 0x58, 0x01001000);//stride
XAxiVdma_WriteReg(XPAR_AXI_VDMA_0_BaseADDR, 0x0, 0x83);       //enable
XAxiVdma_WriteReg(XPAR_AXI_VDMA_0_BaseADDR, 0x50, 720);       //v_size,start dma

//画像データ生成
Xil_DCacheDisable();//キャッシュ無効

while(1){
  for(i=0;i<4;i++){
    XGpio_DiscreteWrite(&Gpio, LED_CHANNEL, (u32)i);
    for(v=0;v<720;v++){ //垂直方向カウント
      for(h1=0;h1<1280;h1++){ //水平方向カウント
        ddr_ptr = (unsigned char *) 0x08000000+(v*0x1000)+h1*3;
        if((i==0)||(i==3))
          *ddr_ptr = 0xff; //赤
        else
          *ddr_ptr = 0x0;
        ddr_ptr++;
        if((i==1)||(i==3))
          *ddr_ptr = 0xff; //緑
        else
          *ddr_ptr = 0x0;
        ddr_ptr++;
        if((i==2)||(i==3))
          *ddr_ptr = 0xff; //青
        else
          *ddr_ptr = 0x0;
      }
    }
    for(Delay=0;Delay<0x100000;Delay++);
  }
}
```

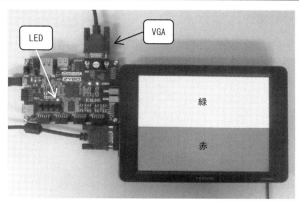

写真 1-1　画像表示回路の実行例

1280（水平解像度）×3（1 ピクセルの Byte 数）

になります．stride ではライン・データの格納間隔を指定します．レジスタの下位 2Byte が設定値です．enable ではコントロール・レジスタに循環モード，VDMA 開始を設定します．v_size では垂直方向のサイズを設定します．このレジスタの値が書き込まれると VDMA が起動します．レジスタの詳細は参考文献（2）を参照してください．

画像データの生成では，初めにキャッシュを無効して，DDR3 メモリへの書き込みがキャッシュを介さずにダイレクトに実行されるようにします．

while ループ内では画像データの先頭アドレスから色情報を書き込んでいます．プログラムの作業手順は第 1 部第 3 章の**図 3-5** と同様です．実機で実行して，モニタ全面に赤→緑→青→白の順で表示されれば正常動作です（**写真 1-1**）．画像が表示されない場合は，ブロック・デザインの IP 設定やプログラムの VDMA 設定が正しいか確認してください．

IP の機能の理解が重要

提供される IP の種類も増えてきたので，これらを活用すると短時間で回路を構築できます．

ただし，IP の機能をよく理解せずに使用すると動作させるのに時間がかかる場合があります．IP を使う際は，事前にしっかりとドキュメントに目を通すことをお勧めします．

第2部 ベア・メタル編

第2章　IP で作る画像処理システム − AXI 回路作成と IP パッケージ登録

●本章で使用する Vivado
Vivado WebPACK 2015.4

SoC Zynq を使うメリットの一つは，ARM プロセッサとユーザが PL 部（Programmable Logic）に設計した回路（以降，ユーザ設計回路と略す）を組み合わせてシステムを設計できることです．

Vivado には，ユーザ設計回路を IP パッケージ化して IP Catalog に登録する機能が用意されています．IP Catalog に登録した IP は，Vivado のブロック・デザイン・ベース設計環境 IP Integrator で利用できます．また，IP パッケージ化することにより，ほかの設計プロジェクトでもユーザ設計回路の IP を呼び出すことが可能になります．

本章では，ユーザ設計回路を IP パッケージ化して，IP Integrator を使ってほかの IP ブロックと接続する方法を紹介します．

2.1　IP 間のインターフェースは AXI を使用

AXI 用回路を自動作成できる Vivado

Vivado の IP Integrator では IP 間の接続インターフェースを自由に設定することができますが，Zynq の PS 部に採用されている AXI（Advanced eXtensible Interface）を利用することで，PS 部と簡単に接続できるようになっています．PS 部に限らず，ほかの多くの IP にも AXI が採用されているので，これらの IP にも接続が可能になります．

設計する回路に AXI 用回路が必要になりますが，Vivado には AXI 用回路の自動作成機能があるので，Vivado で作成した AXI 用回路に変更を加えることで，AXI に対応したユーザ設計回路を簡単に作成できます．

AMBA AXI とは

ここで AXI について簡単に触れておきます．ARM 社は自社のプロセッサと周辺回路の接続を容易にするために，ブロック間接続仕様 AMBA（Advanced Microcontroller Bus Architecture）を公開しています．

プロセッサの進歩に合わせて AMBA も改定されており，AMBA3 で策定されたシステム LSI 用ブロック間インターフェースが AXI です．

最新の AMBA4 ではバースト転送に対応した AXI4，シングル転送の AXI-Lite，データ・ストリーム転送の AXI-Stream が用意されています．AMBA および AXI の仕様の詳細は ARM 社の公開している仕様や参考文献（1）などを参照してください．

IP間のインターフェースはAXIを使用

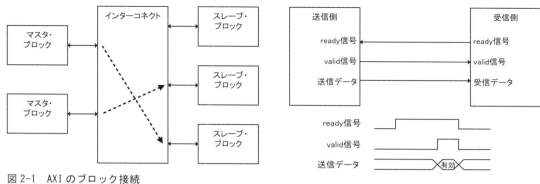

図2-1 AXIのブロック接続

図2-2 AXIのハンドシェイク

AXIの接続形態

　AXIは従来のバス接続ではなく，チャネルをベースとしたインターフェースです．図2-1のように各ブロックはインターコネクトに接続されていて，インターコネクトを介してほかブロックとデータをやり取りします．インターコネクトの実現方法についての規定はなく，プロトコル通りに動作すればどのような処理でもよいとされています．

　各ブロックはマスタまたはスレーブのいずれかの機能を持ちます．マスタはアドレスで通信先を指定してアクセスを開始します．スレーブはマスタからのアクセスに応じて動作します．

転送プロトコルの概要

　AXIでは，一つのインターフェースにライト・アドレス，ライト・データ，ライト応答，リード・アドレス，リード・データの五つのチャネルがあり，それぞれのチャネルがハンドシェイクを使って通信します．

　図2-2はハンドシェイクの模式図です．受信側は受信可能なときにready信号をHighにします．送信側は送信データを出力するときにvalid信号をHighにします．valid信号とready信号がともにHighになったタイミングで受信側がデータを取り込み，転送が完了します．valid信号とready信号はどちらが先にHighなってもよいとされています．

ライト・アクセスとリード・アクセスの動作

　図2-3はライト・アクセスのタイム・チャートです．初めにマスタからスレーブへライト・アドレス・チャネルで書き込み先のアドレスを転送します．

　次に，マスタからスレーブへライト・データ・チャネルで書き込みデータを転送します．

　最終データではWLAST信号をHighにします．スレーブは書き込みが完了するとライト応答チャネルで書き込み完了を通知します．

　図2-4はリード・アクセスのタイム・チャートです．初めにマスタからスレーブへリード　アドレス・チャネルで読み出し先のアドレスを転送します．

　次に，スレーブからマスタへ読み出しデータを転送します．最終データでRLAST信号をHighにして転送完了を通知します．

第2部 ベア・メタル編／第2章 IPで作る画像処理システム―AXI回路作成とIPパッケージ登録

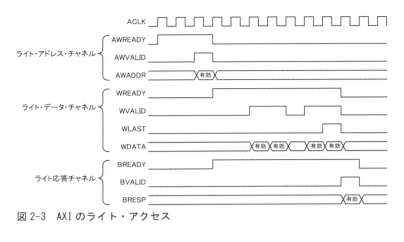

図2-3 AXIのライト・アクセス

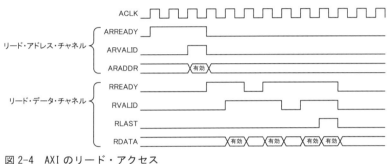

図2-4 AXIのリード・アクセス

2.2　AXIスレーブ回路の作成とIPパッケージ化

　手始めに，スレーブで動作する回路を作ってIP Catalogへ登録してみます．作成する回路はAXIから書き込まれるレジスタ値をユーザ信号として出力するものです．

　手順は図2-5，図2-6になります．Vivadoを起動して，新規プロジェクトとして"user_ip_sys_pj"を作り，「Tools」→「Create and Package IP」を選択します．

　「Peripheral Details」のName(IP名)は"myip_slave_ip"とします．「Add Interfaces」の「Interface Type」は「Lite」（AXI-Lite），「Interface Mode」は「Slave」（スレーブ）とします．

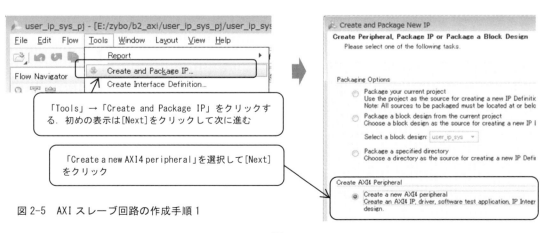

図2-5 AXIスレーブ回路の作成手順1

AXI スレーブ回路の作成と IP パッケージ化

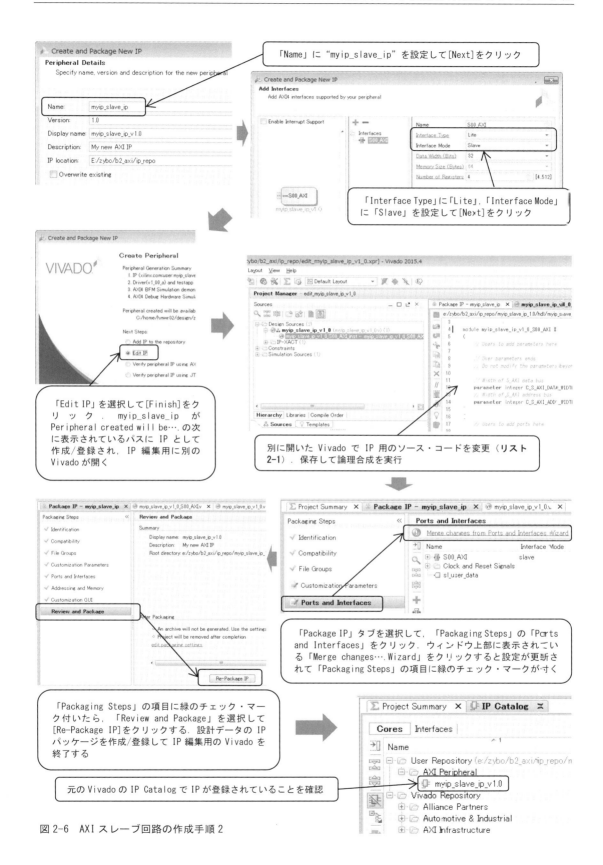

図 2-6 AXI スレーブ回路の作成手順 2

第2部 ベア・メタル編／第2章 IPで作る画像処理システム−AXI回路作成とIPパッケージ登録

リスト2-1 myip_slave_ipのソース・コードの変更個所

```
module myip_slave_ip_v1_0_S00_AXI #
  途中省略
  input wire  S_AXI_RREADY,
  //user
  output wire [3:0] sl_user_data //追加
  );
  途中省略
  // Add user logic here
  assign sl_user_data = slv_reg0[3:0];//追加
  // User logic ends
endmodule
```

(a) myip_slave_ip_v1_0_S00_AXI.vの変更個所

```
module myip_slave_ip_v1_0 #
  途中省略
  input wire  s00_axi_rready,
  //user
  output wire [3:0] sl_user_data //追加

  );
  途中省略
  // Instantiation of Axi Bus Interface S00_AXI
  myip_slave_ip_v1_0_S00_AXI # (
  途中省略
    .S_AXI_RREADY(s00_axi_rready),
    .sl_user_data(sl_user_data) //追加
  );
```

(b) myip_slave_ip0_v1_0.vの変更個所

設定後に「Edit IP」を選択することで，設定した設計データのIPパッケージが作成され，IP Catalogに登録されます．

その後に，IP変更用Vivadoが起動するのでソース・コードを変更します．**リスト2-1**は自動生成されたHDL記述の変更個所です．変更内容は，レジスタslv_reg0の下位4bitをuser_dataとして出力しています．変更が完了したら論理合成を実行して記述ミスがないか確認します．

次に，「Package IP」タブの「Review and Package」で［Re-Package IP］をクリックします．変更された回路が再びIPパッケージ化されてIP Catalogに登録されます．IP変更用Vivadoを終了し，元のVivadoのIP Catalogで"myip_slave_ip_v1.0"が登録されていることが確認できます．

2.3 AXIスレーブ回路IP myip_slave_ipの使い方

ブロック・デザインの作成

作成したIPを使うために，ブロック・デザインを**図2-7**，**図2-8**の手順で作成します．

IP Integratorの「Create Block Design」を選択して，「Design name」（作成するブロック名）を"user_ip_sys"とします．

初めに「Add IP」で「ZYNQ7 Processing System」を呼び出します．マウスの右ボタンのメニューで表示される「Customize Block」の「Import XPS Settings」でZYBO用の設定ファイルZYBO_zynq_def.xml[1]を読み込み，「Run Block Automation」を実行します（このあたりの操作は前章までを参照）．

次に「Add IP」で「myip_slave_ip_v1.0」を呼び出し，「Run Connection Automation」を実行します．すると，インターコネクトが追加されてAXIが自動接続されます．

最後に，自動接続されないsl_user_data[3:0]に出力ポートを接続します．

作業が完了したらブロック・デザインを保存してブロック・デザイン作成を終了します．

上位階層の作成からBitファイルの書き込みまで

Project Managerの「user_ip_sys」上でマウスの右ボタンをクリックして表示されたメニューで「Create HDL Wrapper」を選択します（第1部第3章を参照）．「Copy generated…」を選択し

---

[1] 入手先：https://github.com/ucb-bar/fpga-zynq/blob/master/zybo/src/xml/ZYBO_zynq_def.xml（2016年1月時点．以前はDigilent社のサイトから入手できた）

て［OK］をクリックすると，上位階層の HDL 記述がプロジェクト・フォルダ/プロジェクト.srcs/sources_1/imports/hdl の下に user_ip_sys_wrapper.v として作成されます．

user_ip_sys_wrapper.v は再度「Create HDL Wrapper」を実行すると上書きされてしまうので，user_ip_sys_wrapper.v を user_ip_sys_top.v として保存し，メニューの「File」→「Add Source」を選択してプロジェクトへ追加します．モジュール名は "user_ip_sys_top" に変更します

```
//module  user_ip_sys_wrapper   ← 変更前
module  user_ip_sys_top         ← 変更後
```

下位階層に user_ip_sys_wrapper をインスタンスします．

```
//user_ip_sys  user_ip_sys_i                      ← 変更前
user_ip_sys_wrapper  user_ip_sys_wrapper_i        ← 変更後
```

変更後に保存します．

エラボレーションを実行して sl_user_data[3:0]を ZYBO の LED にピン配置指定します（図 2-9）．その後に論理合成，インプリメンテーション，Bit ファイル作成を実行します．Hardware Manager で ZYBO 上の Zynq へ Bit ファイルを書き込みます．

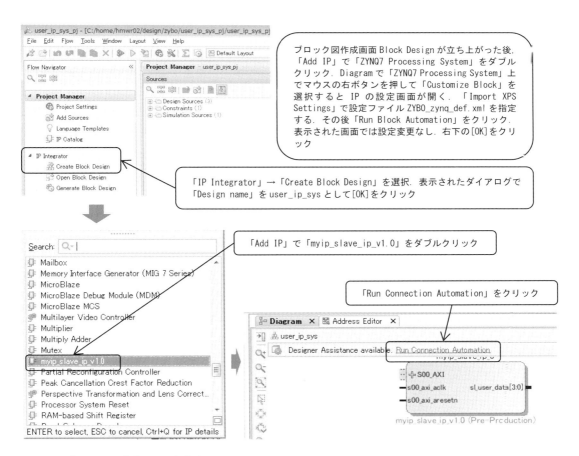

図 2-7　ブロック・デザインの作成手順 1

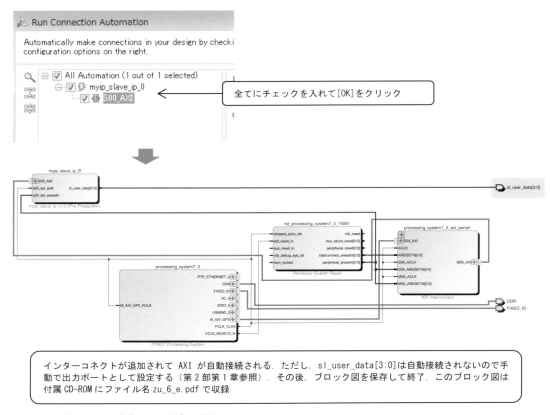

図2-8 ブロック・デザインの作成手順2

ソフトウェアの作成と実行

次に，ソフトウェアを準備します．「File」→「Export」→「Export Hardware」を選択してSDK用のハードウェア・データを作成し，「File」→「Launch SDK」を選択してSDKを起動します．SDKで「File」→「New」→「Application Project」を選択してHello World表示のアプリケーション・プロジェクトを作成します．

プロジェクトのhelloworld.cの内容を**リスト2-2**のユーザ・データ設定プログラムに書き換えます．XPAR_MYIP_SLAVE_IP_0_S00_AXI_BASEADDR は myip_slave_ip のベース・アドレス，XPAR_MYIP_SLAVE_IP_0_S00_AXI_HIGHADDR は最終アドレスを表すマクロです．本来はxparameters.hに自動的に定義されますが，Vivado 2015.3および2015.4にはバグがあり，

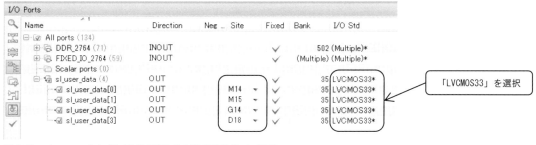

図2-9 sl_user_data[3:0]をZYBOのLED接続ピンに配置

リスト2-2　ユーザ・データ設定プログラム helloworld_slave.c

```c
#include <stdio.h>
#include "platform.h"

//#include "xparameters.h" //Vivado 2015.1 2015.2

#define XPAR_MYIP_SLAVE_IP_0_S00_AXI_BASEADDR 0x43c00000 //Vivado 2015.4
#define XPAR_MYIP_SLAVE_IP_0_S00_AXI_HIGHADDR 0x43c0ffff //Vivado 2015.4

//myip_slave_ip レジスタ・アクセス用マクロ定義
#define USER_DATA (*(volatile unsigned int *) XPAR_MYIP_SLAVE_IP_0_S00_AXI_BASEADDR )
void print(char *str);
int main()
{
  int i;
  volatile int delay_cnt;
  init_platform();
  print("Hello World¥n¥r");
  while(1){
    for(i=0;i<16;i++){
      USER_DATA = i; //myip_slave_ipのレジスタへ代入
      for(delay_cnt=0;delay_cnt<10000000;delay_cnt++);
    }
  }
  cleanup_platform();
  return 0;
}
```

xparameters.hには間違ったアドレスが記載されます．そこで，xparameters.hの#includeはコメントアウトして，helloworld.c内でマクロ定義しています．アドレスはSDKのsystem.hdfの値になります（図2-10）．

修正が終わったらビルドしてプログラムを実行します．ZYBOのLEDが点滅すれば正常動作です．

IPの設計変更手順

IPのソース・コードを変更するには，IP CatalogでIPを選択し，マウスの右ボタンをクリックして「Edit in IP Packager」を選択します（図2-11）．この操作で開いたIP変更用Vivadoでソース・コードを変更し，再パッケージ化してIP Catalogに登録します．

次にIPを使っているブロック・デザインを開き，「IP Status」タブの「Upgrade Selected」を実行して（図2-12）ブロック・デザインを閉じます．これでIPの変更が設計データに反映されます．

IPのソース・コードを変更しても，再パッケージ化とブロック・デザインの「Upgrade Selected」

図2-10　SDKのsystem.hdfの値を使う

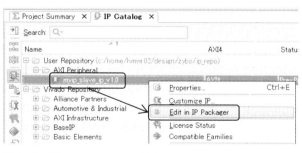

図2-11　IP PackagerでIPを開く

第2部 ベア・メタル編／第2章 IPで作る画像処理システム—AXI回路作成とIPパッケージ登録

図2-12 IPの変更を設計データに反映させる手順

を実行しないと設計データに反映されないので注意してください．

2.4 AXIマスタ回路の作成とIPパッケージ化

次にマスタ回路を作成してみます．回路の機能はAXI経由でDDR3メモリ上のデータを取得して，ユーザ信号として出力します．

画像用のライン・データの読み出しを想定して，line_reqがHighでline_noで指定されたライン数に応じたアドレスから読み出しを行い，line_dataとして出力します．

操作手順は図2-5，図2-6と同様で，IP名はmyip_master_line_rd，「Interface Type」を「Full」，「Interface Mode」を「Master」にします（図2-13）．

HDLソース・コードの変更

IPのHDLソース・コードの変更個所をリスト2-3に示します．ソース・コード全体は，付属CD-ROMのデータを参照してください．

line_reqで動作開始とline_noに応じたアドレスのオフセット計算，書き込みアクセスは行わないのでステート・マシンの書き込みへの遷移は削除しています．読み出したデータはline_dataとして出力しています．

line_data_enはデータが有効なときにのみHighになります．変更が完了したらIPを登録します．

図2-13 AXIマスタ回路の作成手順（一部）

AXI マスタ回路の作成と IP パッケージ化

リスト 2-3　myip_master_line_rd のソース・コードの変更部分

```
module myip_master_line_rd_v1_0_M00_AXI #
  途中省略
    output wire  M_AXI_RREADY,
    //user
    input wire line_req,        //追加
    input wire [11:0]line_no,   //追加
    output reg line_data_en,    //追加
    output reg [31:0] line_data //追加
    );
  途中省略
    //ユーザ定義レジスタ
    reg  [23:0]rd_offset; //追加
  途中省略
    //Read Address (AR)
    assign M_AXI_ARID    = 'b0;
    //assign M_AXI_ARADD = C_M_TARGET_SLAVE_BASE_ADDR + axi_araddr;
    //rd_offset を加算してライン数に応じたアドレスを指定
    assign M_AXI_ARADDR = C_M_TARGET_SLAVE_BASE_ADDR + axi_araddr + rd_offset;
  途中省略
  //Generate a pulse to initiate AXI transaction.
  always @(posedge M_AXI_ACLK)
    begin
      // Initiates AXI transaction delay
      if (M_AXI_ARESETN == 0 )
        begin
          init_txn_ff <= 1'b0;
          init_txn_ff2 <= 1'b0;
        end
      else
        begin
          //init_txn_ff <= INIT_AXI_TXN;
          //line_req でも処理が開始するように変更
          init_txn_ff <= INIT_AXI_TXN || line_req;
          init_txn_ff2 <= init_txn_ff;
        end
    end

  途中省略
    // state transition
    case (mst_exec_state)
      IDLE:
        // This state is responsible to wait for user defined
        // C_M_START_COUNT
        // number of clock cycles.
        if ( init_txn_pulse == 1'b1)
          begin
            //mst_exec_state  <= INIT_WRITE;  //ライト・アクセス不要
            mst_exec_state  <= INIT_READ;   //変更
            ERROR <= 1'b0;
            compare_done <= 1'b0;
          end
```

```
          else
            begin
              mst_exec_state  <= IDLE;
            end

  途中省略
  // Add user logic here
  //ライン数からアドレスを算出
  always @(posedge M_AXI_ACLK)
    rd_offset <= line_no * 4096;

  //読み出したデータを line_data に出力
  always @(posedge M_AXI_ACLK)
    begin
      if (M_AXI_ARESETN == 0 || init_txn_pulse == 1'b1)
        begin
          line_data_en <= 1'b0;
          line_data <= 32'h00000000;
        end
      else
        if(rnext==1'b1)
          begin
            line_data_en <= 1'b1;
            line_data <= M_AXI_RDATA;
          end
        else
          begin
            line_data_en <= 1'b0;
            line_data <= line_data;
          end
    end
```

(a) myip_master_line_rd_v1_0_M00_AXI.v の変更個所

```
module myip_master_line_rd_v1_0 #
    途中省略
    output wire  m00_axi_rready,
    //user
    input wire line_req,        //追加
    input wire [11:0]line_no,   //追加
    output wire line_data_en,   //追加
    output wire [31:0] line_data //追加
    );
    途中省略
    // Instantiation of Axi Bus Interface M00_AXI
    myip_master_line_rd_v1_0_M00_AXI # (
    途中省略
    .M_AXI_RREADY(m00_axi_rready),
    .line_req(line_req),        //追加
    .line_no(line_no),          //追加
    .line_data_en(line_data_en),//追加
    .line_data(line_data)       //追加
    );
```

(b) myip_master_line_rd_v1_0.v の変更個所

59

第 2 部 ベア・メタル編／第 2 章 IP で作る画像処理システム―AXI 回路作成と IP パッケージ登録

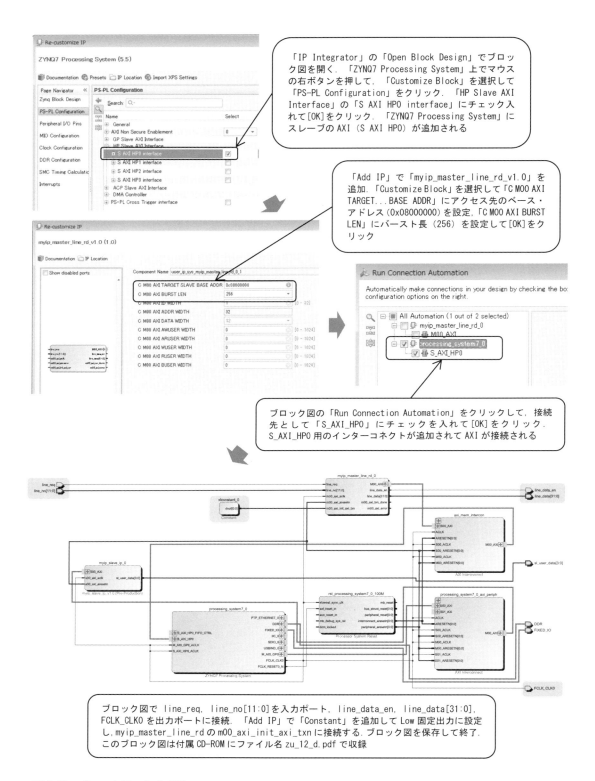

図 2-14 ブロック図の作成手順

2.5 AXIマスタ回路IP myip_master_line_rdの使い方

ブロック・デザインの作成

myip_master_line_rdの追加手順は図2-14になります．myip_master_line_rdはマスタなので接続先としてZYNQ7 Processing Systemにスレーブ・ポート（S_AXI_HP0）を追加します．

次に，「Add IP」でブロック・デザインにmyip_master_line_rd_v1.0を追加して，「Customize Block」で「C M00 AXI TARGET…Base ADDR」へアクセス先のベース・アドレス（0x08000000）を設定，「C M00 AXI BURST LEN」へバースト長（256）を設定します．

「Run Connection Automation」で接続先に「ZYNQ7 Processing System」に追加されたS_AXI_HP0を指定すると，インターコネクトが追加されてAXIが自動接続されます．図2-14の残りの手順を行ってブロック・デザインを保存してブロック・デザイン作成を終了し，「Create HDL Wrapper」を実行して上位階層のHDL記述を更新します．

DDR3のデータを画像表示

myip_master_line_rdからDDR3のデータを取り出せるので，このデータを画像出力してみます．全体の構成は図2-15になります．

トップ階層の記述を変更して画像表示モジュールv720p_outを配置してuser_ip_sys_wrapperと接続します．v720p_outは著者がHDLベースで設計した720pで画像表示信号を出力するモジュールです．ソース・コードは，付属CD-ROMのデータを参照してください．

画像表示のラインの先頭においてline_reqで読み出し，リクエストとline_noで表示ライン番号を通知します．IPから出力されるline_dataをライン・バッファに取り込んで，有効画像出力タイミングで画像データとして出力します．

v720p_out内部では，入力の125MHzクロックから720p用のクロック74.25MHzを発生するclk_wiz_0（図2-16）と，ライン・バッファ用FIFO（32ビット×1024）のfifo_generator_0（図2-17）をIP Catalogから作成して使用しています．v720p_outのソース・コードは付属CD-ROMに収録されています．

リスト2-4は画像データをDDR3上に書き込むプログラムです．写真2-1は実機でのモニタ表示の様子です．

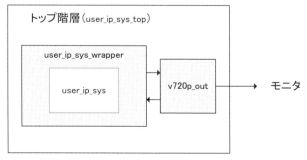

図2-15 DDR3メモリ画像データ表示回路の構成

まとめ

AXI回路の作成機能を使うことでAXIに対応するユーザ設計回路が簡単に作成できます．ほかのAXI対応の回路との接続も可能です．

また，IP化した回路はほかの設計プロジェクトでも呼び出しできるので，回路を再利用しやすくなります．これらの機能は設計の効率化の手助けになるので試してみることをお勧めします．

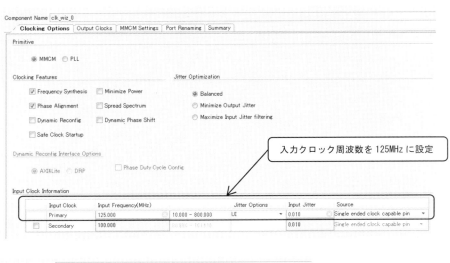

図2-16　clk_wiz_0の設定

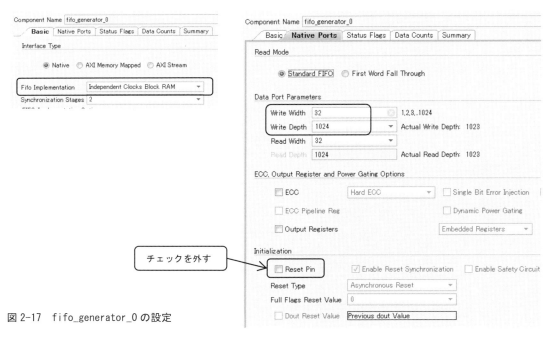

図2-17　fifo_generator_0の設定

リスト2-4　画像データ書き込みプログラムhelloworld_master.c

```c
#include <stdio.h>
#include "platform.h"
#include "xil_cache.h"
//#include "xparameters.h" //vivado2015.1 2015.2
#define XPAR_MYIP_SLAVE_IP_0_S00_AXI_BASEADDR 0x43c00000 //vivado 2015.4
#define XPAR_MYIP_SLAVE_IP_0_S00_AXI_HIGHADDR 0x43c00fff //vivado 2015.4
//myip_slave_ip レジスタ・アクセス用マクロ定義
#define LED (*(volatile unsigned int *) XPAR_MYIP_SLAVE_IP_0_S00_AXI_BASEADDR )
//VRAMのベース・アドレス定義
#define VRAM_BSASE_ADDR 0x08000000
void print(char *str);
int main()
{
    volatile unsigned int *vram_ptr;
    int h,v,i;
    volatile int delay_cnt;
    init_platform();
    Xil_DCacheDisable();//キャッシュの無効化
    print("Hello World\n\r");
    while(1) {
        for(i=0;i<16;i++) {
            LED=i;
            for(v=0;v<720;v++) {//ライン数カウント
                //1ラインあたり4096Byteを割り当て
                vram_ptr = (unsigned int *)(VRAM_BSASE_ADDR + v*4096);
                //水平方向ピクセル数カウント　2ピクセルごとに書き込み
                for(h=0;h<640;h++) {
                    if(h<150)
                        *vram_ptr = 0xffffffff; //白
                    else if(h<300)
                        *vram_ptr = 0x001f001f; //赤
                    else if(h<450)
                        *vram_ptr = 0x07e007e0; //緑
                    else if(h<600)
                        *vram_ptr = 0xf800f800; //青
                    else
                        *vram_ptr =    0x0;     //黒
                    vram_ptr++;
                }
            }
            for(delay_cnt=0;delay_cnt<2000000;delay_cnt++);
        }
    }
    cleanup_platform();
    return 0;
}
```

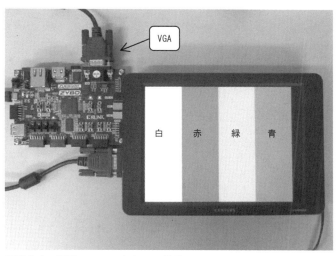

写真2-1　実機でのモニタ表示の様子

第2部 ベア・メタル編

第3章　IPで作る画像処理システム − HDMI→VGA 変換回路の作成

●本章で使用するVivado
Vivado WebPACK 2015.4

　ZYBOのHDMI端子は直接Zynqに接続されています．そのため，HDMIトランスミッタICを搭載しているZedBoardとは異なり，HDMI端子は出力と入力の両方に使用できます．
　ZYBOにはVGA端子もあるので，HDMI端子から入力した画像に画像処理を施してVGA端子から出力する画像処理システムが比較的容易に構築できます．
　本章では，HDMI端子にディジタル・カメラを接続して画像を入力し，その画像をVGA端子から出力するHDMI→VGA変換回路を作成します（写真3-1）．

3.1　画像＋音声伝送用インターフェースHDMIの特徴

HDMIの信号

　HDMI（High-Definition Multimedia Interface）は，機器間で画像と音声をディジタル伝送するための通信規格です．表3-1は信号の一覧です．
　データ線は差動信号3ペアとクロック信号1ペアの合計8本です．データ伝送はDVI（Digital Visual Interface）をベースにして，8b10b変換したデータをシリアル伝送します．信号レベルはLVDS（Low Voltage Differential Signaling）です．

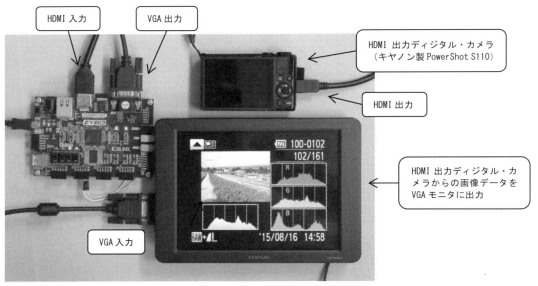

写真3-1　動作中のHDMI→VGA変換回路

表 3-1 HDMI の信号一覧（HPD：Hot Plug Detect, CEC：Consumer Electronics Control）

信号名	HDMI コネクタのピン番号	Zynq のピン配置	RTL ソースの信号名	内容
TMDS Data 0+	7	D19	data_in_from_pins_p[0]	青用データ+ / VSYNC, HSYNC
TMDS Data 0-	9	D20	data_in_from_pins_n[0]	青用データ- / VSYNC, HSYNC
TMDS Data 1+	4	C20	data_in_from_pins_p[1]	緑用データ+
TMDS Data 1-	6	B20	data_in_from_pins_n[1]	緑用データ-
TMDS Data 2+	1	B19	data_in_from_pins_p[2]	赤用データ+
TMDS Data 2-	3	A20	data_in_from_pins_n[2]	赤用データ-
TMDS Data Clock+	10	H16	diff_clk_in_clk_p	クロック+
TMDS Data Clock-	12	H17	diff_clk_in_clk_n	クロック-
DDC Clock	15	G17	scl	DDC クロック/I^2C の SCL
DDC Data	16	G18	sda	DDC データ/I^2C の SDA
HPD	19	E18	未使用	ホット・プラグ検出
CEC	13	E19	未使用	機器制御信号

同期信号（VSYNC, HSYNC）はデータ 0 のブランク・エリアのコントロール・コードで検出します．音声データは，データ 1，データ 2 のブランク・エリアを使って伝送されます．

画像＋音声データ以外に，機器の解像度などを通知する DDC（VESA Display Data Channel）も用意されています．

DDC のプロトコルは I^2C

DDC は，画像信号出力機器と画像信号入力機器間で設定を通知し合うためのシリアル通信で，VESA（Video Electronics Standards Association）が規格化しました．対応可能な解像度，フレーム・レート，音声の有無，著作権保護などの情報をやり取りします．

DDC の通信プロトコルは I^2C が採用されていて，通常，画像信号出力機器がマスタ，画像信号入力機器がスレーブになります．通信内容は EDID（Extended Display Identification Data）という規格になっています．ビデオ・カメラなどの HDMI 画像信号出力機器は，DDC で正常なやり取りができないと画像信号を出力しません．ここでは，HDMI カメラからの DDC 通信を VGA モニタへ転送する回路を作ることによって対応しています．

3.2　HDMI→VGA 変換回路の回路構成

HDMI→VGA 変換回路の全体図を図 3-1(b) に，図 3-1(b) のロジック部分のブロック図を図 3-2 に示します．トップ回路名は hdmi_to_vga です．

HDMI 入力はシリアル - パラレル変換され，各色 10bit の信号になります．各データからコントロール・コードを検出して同期をとり，コントロール・コード以外のデータ部分を 10b8b 変換して 8bit

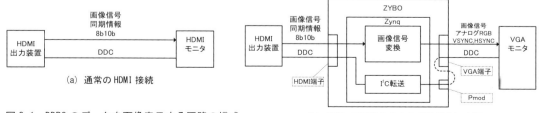

(a) 通常の HDMI 接続　　　　　　　　　　　　　(b) ZYBO で HDMI 入力から VGA 出力に変換

図 3-1　DDR3 のデータを画像表示する回路の構成

第2部 ベア・メタル編／第3章 IPで作る画像処理システム－HDMI→VGA変換回路の作成

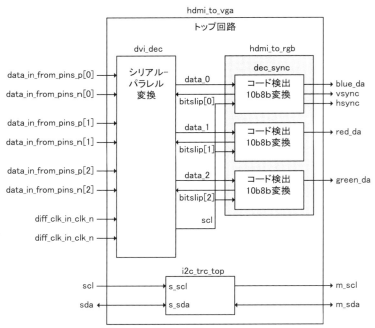

図3-2 HDMI→VGA変換回路のブロック図

のデータに戻します．VSYNC，HSYNCは青色のデータ0から検出します．

DDC転送回路は前述したHDMIカメラのDDC通信をVGAモニタへ転送するための回路です．

3.3 シリアル - パラレル変換はIPで対応

使用するIPはSelectIO Interface WizardとClocking Wizard

HDMI入力のシリアル - パラレル変換は，Vivadoに用意されているIPのSelectIO Interface WizardとClocking Wizardを使います．

SelectIO Interface Wizardでは入力信号を1:10のシリアル - パラレル変換を行い，入力信号1本に対して10bitのデータを出力します．bitslip信号は後段のdec_syncから出力されていて，パラレル変換するタイミングの変更が指示されます．

Clocking Wizardではシリアル - パラレル変換に必要なクロックを生成しています．HDMIのクロックは伝送レートの1/10の周波数が使用されます．シリアル - パラレル変換では入力クロックの10倍の周波数が必要になりますが，SelectIO Interface Wizardではシリアル - パラレル変換がクロックの立ち上がりと立ち下がりを使うDDR（Double Data Rate）で動作します．従って，生成するクロックは伝送レートの5倍の周波数になります．

各IPの設定手順

IPの設定手順は図3-3，図3-4になります．新規プロジェクトとしてhdmi_to_vga_pjを作成，新規ブロック・デザインをブロック名dvi_decで作成し，「Add IP」で「SelectIO Interface Wizard」，「Clocking Wizard」，「Utility Vector Logic」それぞれを呼び出して設定します．設定後，図3-5のようにブロック間の配線とポートを作成します．

シリアル - パラレル変換は IP で対応

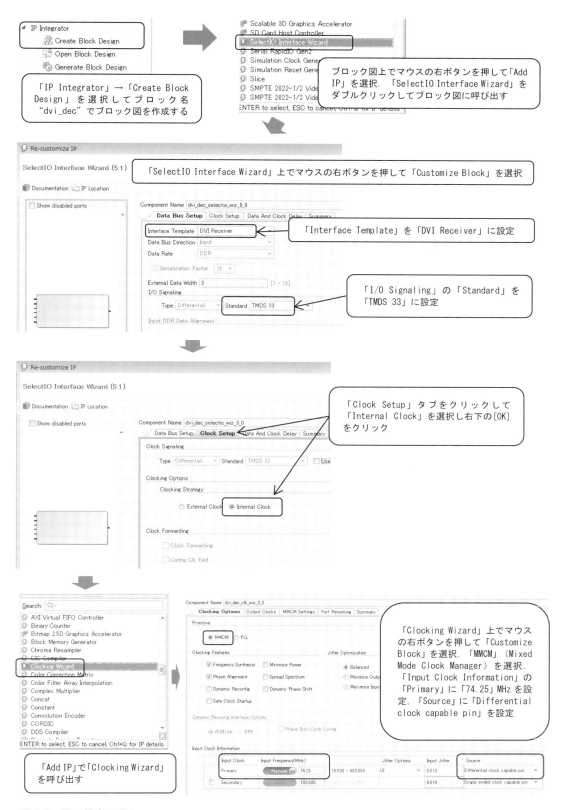

図 3-3　IP の設定手順 1

第2部 ベア・メタル編／第3章 IPで作る画像処理システム―HDMI→VGA変換回路の作成

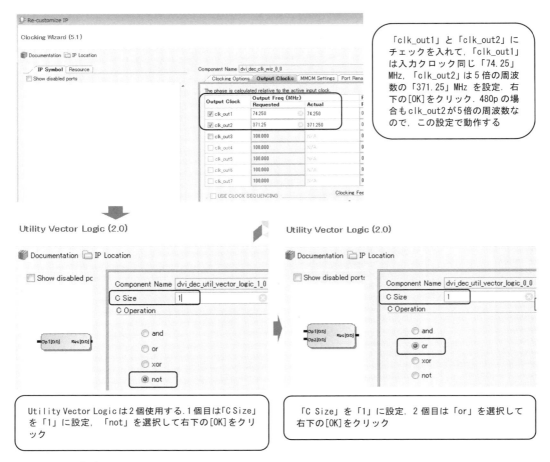

図3-4 IPの設定手順2

3.4 コントロール・コード検出と10b8b変換

コントロール・コードの種類

コントロール・コードはブランク・エリアで送信されます（**図3-6**）．コード長は10bitで，以下の4種類が規定されています．

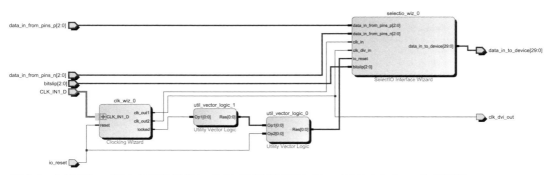

図3-5 シリアル-パラレル変換のブロック図（付属CD-ROMにファイル名 dvi_dec.pdf で収録）

コントロール・コード検出と10b8b変換

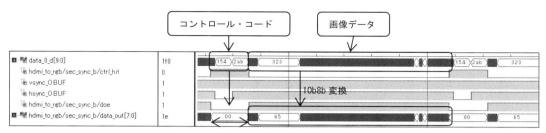

図3-6 コントロール・コードの波形

```
1101010100 (VSYNCあり,HSYNCあり)
0010101011 (VSYNCあり,HSYNCなし)
0101010100 (VSYNCなし,HSYNCあり)
1010101011 (VSYNCなし,HSYNCなし)
```

コード検出用ステート・マシンの状態遷移

図3-7はdec_syncブロックのコントロール・コードを検出するステート・マシンの状態遷移図、リスト3-1はRTLソース・コードです。

リセット(rst)後にidleへ遷移します。リセット解除でsearchへ遷移、searchではコントロール・コードが検出されたらhitへ遷移、一定期間検出されない場合はシリアル-パラレル変換のタイミングが合っていないと判断してslipに遷移します。

slipでは1クロック間bitslip信号を1にしてSelectIO Interface Wizardブロックへシリアル-パ

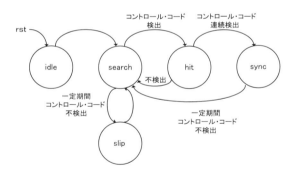

図3-7 ステート・マシンの遷移図

リスト3-1 ステート・マシンのRTLソース・コード dec_sync.v

```verilog
always @ (posedge clk) begin
  if(rst==1'b1)
    state <= p_idle;
  else
    case(state)
      p_idle:
        state <= p_search;
      p_search:
        //コントロール・コード検出
        if(ctrl_hit==1'b1)
          state <= p_hit;
        //一定期間コントロール・コードを未検出
        else if(search_cnt==p_search_cnt_max)
          state <= p_slip;
        else
          state <= p_search;
      p_slip:
        state <= p_search;
      p_hit:
        //コントロール・コード未検出
        if(ctrl_hit==1'b0)
          state <= p_search;
        //コントロール・コードを連続検出
        else if(hit_cnt==p_hit_cnt_max )
          state <= p_sync;
        else
          state <= p_hit;
      p_sync:
        //一定期間コントロール・コードを未検出
        //sync_cntはコントロール・コード検出で0に戻る
        if(sync_cnt==p_sync_cnt_max )
          state <= p_search;
        else
          state <= p_sync;
      default:
        state <= p_idle;
    endcase
end
```

第 2 部 ベア・メタル編／第 3 章 IP で作る画像処理システム―HDMI→VGA 変換回路の作成

リスト 3-2　VSYNC, HSYNC を生成と 10b8b 変換 dec_sync.v

```
always @ (posedge clk) begin                          always @ (posedge clk) begin
  if(state==p_sync)                                     if(state==p_sync)
    //コントロール・コードが一致したら                     //コントロール・コードはブランク・エリア
    //VSYNC,HSYNC を判定                                  if(ctrl_hit==1'b1) begin
    if(da_10b==CTRLTOKEN0) begin                           doe <= 1'b0;
      hsync <= 1'b0;                                       data_out <= 8'h00;
      vsync <= 1'b0;                                     end
    end                                                  //コントロール・コード以外は 8b10b 変換を実行
    else if(da_10b==CTRLTOKEN1) begin                    else begin
      hsync <= 1'b1;                                       doe <= 1'b1;
      vsync <= 1'b0;                                       data_out[0] <= da_10b[0];
    end                                                   data_out[1] <= (da_10b[8]) ? (da_10b[1] ^ da_10b[0]) : (da_10b[1] ~^ da_10b[0]);
    else if(da_10b==CTRLTOKEN2) begin                     data_out[2] <= (da_10b[8]) ? (da_10b[2] ^ da_10b[1]) : (da_10b[2] ~^ da_10b[1]);
      hsync <= 1'b0;                                       data_out[3] <= (da_10b[8]) ? (da_10b[3] ^ da_10b[2]) : (da_10b[3] ~^ da_10b[2]);
      vsync <= 1'b1;                                       data_out[4] <= (da_10b[8]) ? (da_10b[4] ^ da_10b[3]) : (da_10b[4] ~^ da_10b[3]);
    end                                                   data_out[5] <= (da_10b[8]) ? (da_10b[5] ^ da_10b[4]) : (da_10b[5] ~^ da_10b[4]);
    else if(da_10b==CTRLTOKEN3) begin                     data_out[6] <= (da_10b[8]) ? (da_10b[6] ^ da_10b[5]) : (da_10b[6] ~^ da_10b[5]);
      hsync <= 1'b1;                                       data_out[7] <= (da_10b[8]) ? (da_10b[7] ^ da_10b[6]) : (da_10b[7] ~^ da_10b[6]);
      vsync <= 1'b1;                                     end
    end                                                  else begin
    else begin                                             doe <= 1'b0;
      hsync <= 1'b1;                                       data_out <= 8'h00;
      vsync <= 1'b1;                                     end
    end                                               end
    else begin
      hsync <= 1'b1;
      vsync <= 1'b1;
    end
end
```

ラレル変換タイミングを 1 クロックずらすことを指示します．その後 search へ遷移して検出を再開します．hit ではコントロール・コードが未検出の場合は search へ遷移します．一定期間連続して検出された場合は sync へ遷移します．

　sync はコントロール・コードが正常に検出された状態です．一定期間コントロール・コードが検出されない場合は位相がずれたと判断して search へ遷移します．

VSYNC/HSYNC の生成と 10b8b 変換

　ステート・マシンが sync のときはコントロール・コードが正常に検出されて正しい位相でデータが取り込まれているので，VSYNC と HSYNC を生成，10b8b 変換を実行します．

　リスト 3-2 は RTL ソース・コードです．入力データがコントロール・コードの場合は，コードを判別して VSYNC と HSYNC を生成します．コントロール・コードでない場合は 10b8b 変換をして 8bit のデータを得ます．この処理は各色で行います．

VGA 表示回路

　VGA 表示回路を図 3-8 に示します．各色 8bit のデータは ZYBO の VGA 出力として赤：5bit，青 6bit，緑 5bit を Zynq 外部に出力し，ZYBO 上のラダー抵抗による D-A 変換を介して VGA 端子へ接続されます．

　VSYNC と HSYNC はデータ 0 から生成された信号を出力します．

正常に HDMI 出力させる DDC 転送回路

　DDC 通信が成立しないと HDMI 画像信号出力装置は HDMI 信号を出力しません．そこで，HDMI 入力側から VGA 出力側へ DDC 通信を転送する DDC 転送回路（i2c_trc_top）を用意しました．

コントロール・コード検出と 10b8b 変換

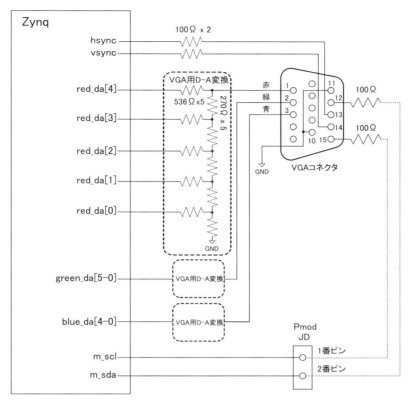

図 3-8 VGA 表示回路

DDC に対応しないモニタの場合は ACK を返す

　HDMI 側はディジタル入力ですがモニタはアナログ接続なので，モニタのアナログ入力を示すデータはディジタルと通信するように変更して転送します．

　また，DDC に対応しないモニタ対策として，モニタからの応答がない場合でも HDMI 側に ACK を返すようにしています．

DDC 通信時の波形

　図 3-9 は DDC 通信時の波形です．HDMI 出力装置側の scl はモニタ側の m_scl へ転送しています．通信開始時はアドレス通知アクセスで，先頭から 8bit は HDMI 側の sda をモニタ側の m_sda へ転送して，9bit 目では ACK 応答のために sda を 0 にしています．また，8bit が 0 の場合は次のアクセスがライト・アクセス，1 の場合はリード・アクセスになります．

　リード・アクセスの場合，1～8bit は m_sda を sda へ転送，9bit 目は HDMI 側からの ACK を確認するため sda を m_sda へ転送しています．

VGA 端子の DDC 信号ピンが Zynq に接続されていない！

　ZYBO では VGA 端子の DDC 信号が Zynq に接続されていません．そこで，Pmod コネクタ JD の 1 番ピンを m_scl，2 番ピンを m_sda に割り当てて，100 Ω のチップ抵抗を介して VGA 端子のパターンに接続しました（**写真 3-2**）．

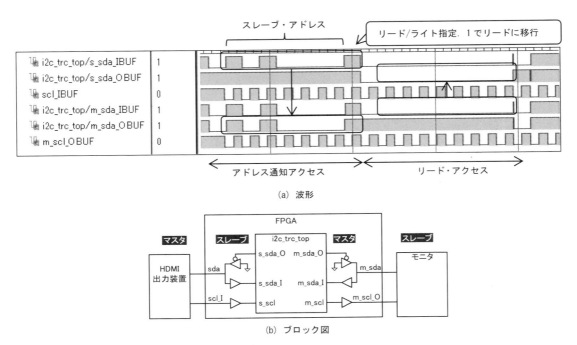

(a) 波形

(b) ブロック図

図3-9 DDC通信時の波形とDDC転送回路のブロック図

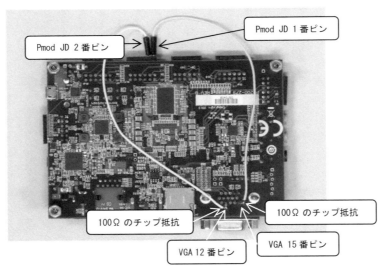

写真3-2 DDC通信のためにZYBOへ追加した配線

3.5 ピン配置と動作確認

ピン配置

トップ回路記述を完成させた後，HDMI端子，VGA端子ともにZYBOの回路図に従ってVivadoでピン配置指定します．

HDMIのデータおよびクロック信号は差動でペアなので，正論理側の配置のみ指定可能で負論理側は自動的にペアになるピンが選択されます（図3-10）．

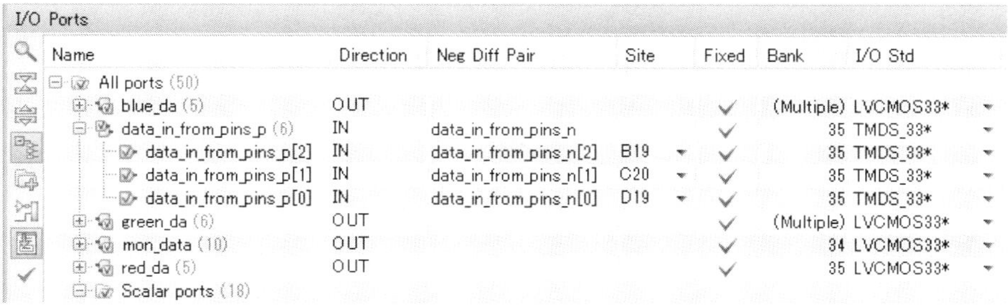

ピン配置と動作確認

Name	Direction	Neg Diff Pair	Site	Fixed	Bank	I/O Std
☐ ☑ All ports (50)						
⊞ 🔧 blue_da (5)	OUT			✓	(Multiple)	LVCMOS33* ▾
☐ 🔧 data_in_from_pins_p (6)	IN	data_in_from_pins_n		✓	35	TMDS_33* ▾
☑ data_in_from_pins_p[2]	IN	data_in_from_pins_n[2]	B19 ▾	✓	35	TMDS_33* ▾
☑ data_in_from_pins_p[1]	IN	data_in_from_pins_n[1]	C20 ▾	✓	35	TMDS_33* ▾
☑ data_in_from_pins_p[0]	IN	data_in_from_pins_n[0]	D19 ▾	✓	35	TMDS_33* ▾
⊞ 🔧 green_da (6)	OUT			✓	(Multiple)	LVCMOS33* ▾
⊞ 🔧 mon_data (10)	OUT			✓	34	LVCMOS33* ▾
⊞ 🔧 red_da (5)	OUT			✓	35	LVCMOS33* ▾
☐ 🔧 Scalar ports (18)						

図 3-10　ピン配置

　信号レベルは「TMDS_33」を選択します．ピン配置が完了したら，論理合成，インプリメンテーション，Bit ファイルの作成を実行します．各ソース・コードは付属 CD-ROM のデータを参照してください．

動作確認

　HDMI 出力付きディジタル・カメラと VGA モニタを接続して，Zynq へ Bit ファイルを書き込み後，モニタとディジタル・カメラの電源を入れます．

　ディジタル・カメラは DDC 経由でモニタの情報を取り出して，HDMI 出力が可能と判定した場合に HDMI 出力を開始します．ZYBO 上の LD1（LED）が点滅し，ディジタル・カメラから送られた画像がモニタに表示されれば正常動作です（冒頭の**写真** 3-1 参照）．

　LD1 は HDMI から入力されたクロックで点滅します．LD1 が点滅しない場合はディジタル・カメラから HDMI 信号が出力されていません．

　動作確認は手元にあるカメラ（キヤノン製 EOS 70D，同 PowerShot S110，JVC ケンウッド製 EVERIO GZ-HM450）と VGA モニタで行いました．機器により正常動作しない場合もありますがあらかじめご了承ください．

まとめ

　ZYBO で HDMI 入力の動作確認ができました．高速動作するシリアル‐パラレル変換はザイリンクスの IP を使うことで実現可能です．

　画像機器が HDMI 出力するために必要な DDC については，DDC 通信を転送することでモニタの情報をカメラに渡すことが可能です．

第 2 部 ベア・メタル編

第4章　IP で作る画像処理システム－VRAM インターフェースの作成

●本章で使用する Vivado
Vivado WebPACK 2015. 4

　本章では，前章の HDMI→VGA 変換回路では，入力画像データを変換後に直接 VGA 端子へ出力していました．これに画像データを保持する VRAM を追加します．VRAM には ZYBO 上の DDR3 SDRAM を使用します．

4.1　　画像処理システム全体の構成

　システム全体のブロック図を図 4-1 に示します．入力画像データの流れは，

```
HDMI カメラ
↓
dvi_dec（シリアル - パラレル変換と同期検出）
↓
hdmi_to_rgb（HDMI 信号 8b10b 変換）
↓
hls_block_top（画像処理/次章で追加）
↓
line_buf_in（入力ライン・バッファ）
↓
myip_mem_wr_if（メモリ書き込み IP）
↓
インターコネクト
↓
PS 部
↓
DDR3 SDRAM（VRAM）
```

になります．出力画像データの流れは，

```
DDR3 SDRAM（VRAM）
↓
PS 部
↓
インターコネクト
↓
myip_master_line_rd（メモリ読み出し IP）
↓
v480p_24b_out（出力ライン・バッファ/画像出力回路）
↓
VGA 端子
```

となります．

画像メモリ VRAM の追加

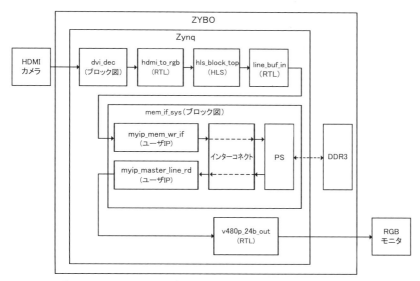

図 4-1 画像処理システム全体のブロック図

4.2 作業の流れ

前章で紹介した HDMI→VGA 変換回路をベースにして，以下の作業で変更を加えていきます．

- ベースになる HDMI→VGA 変換回路の準備
- メモリ書き込み用 IP の作成（IP 作成）
- メモリ読み出し用 IP の変更（IP 流用）
- PS 部を使うブロック・デザインの作成
- 入力ライン・バッファの作成（RTL）
- 画像出力回路の作成（RTL）
- トップ回路の修正（Verilog HDL 記述）
- 実機動作確認

VRAM を追加した時点で動作を確認します．次章で画像処理回路を追加して，再度動作を確認します．

作業には第 2 部第 2 章と第 3 章の設計データが必要です．紹介されている設計プロジェクトをあらかじめ作成してください．

4.3 画像メモリ VRAM の追加

メモリ・アクセス用 IP を先に作成

回路を設計する場合，データ・フローの入力から出力への順番で設計することが多いのですが，IP のひな型となるソース・コードの変更を最小限にするため，ここでは最初にメモリ・アクセス用 IP を作成します．

ひな型のソース・コードを変更すると，意図しない動作をさせてしまう可能性が高いので，IP 外部で処理できる機能は IP 内に追加しないようにします．

第 2 部 ベア・メタル編／第 4 章 IP で作る画像処理システム—VRAM インターフェースの作成

図 4-2 myip_mem_wr_if（メモリ書き込み用 IP）の基本設定

メモリ書き込み用 IP の作成

VRAM に使用する DDR3 SDRAM は PS 部に接続されていて，PL 部からは直接アクセスできません．PL 部から DDR3 SDRAM へアクセスするには PS 部を経由する必要があります．

メモリ書き込み用 IP は AXI で PS 部にアクセスして VRAM へデータを書き込みます．

IP 名は "myip_mem_wr_if" として「Create and Package IP」で新規に作成します．

IP の作成手順は第 2 部第 2 章に紹介してあるので，設定でポイントとなる部分を説明します．作成する IP は「Full」タイプの「Master」モードです（図 4-2）．

ひな型のソース・コードを以下の内容で変更します．

- line_buf_in と接続する信号の宣言を追加
- u_wreq による処理起動条件の追加
- 書き込みアドレスおよび書き込みデータの生成
- AXI データ転送有効信号の生成

ソース・コードの変更個所の詳細は付属 CD-ROM（myip_mem_wr_if_v1_0_M00_AXI.v，myip_mem_wr_if_v1_0.v）を参照してください．

メモリ読み出し用 IP の流用

メモリ読み出し用 IP は，AXI で PS 部にアクセスして PS 部経由で VRAM からデータを読み出します．

メモリ読み出し用の IP は第 2 部第 2 章の myip_master_line_rd を流用します．IP を流用するときは，IP 設計データ・フォルダをコピーして「IP Catalog」に登録します（図 4-3）．IP の変更作業は第 2 部第 2 章に紹介してあるのでソース・コードの変更内容のみを説明します．

変更内容は以下になります．

- PL 部側データ幅の変更
- 1 ライン当たりの領域変更
- データ読み込み領域選択機能の追加

ソース・コードの変更個所の詳細は付属 CD-ROM（myip_master_line_rd_v1_0_M00_AXI.v，myip_master_line_rd_v1_0.v）を参照してください．

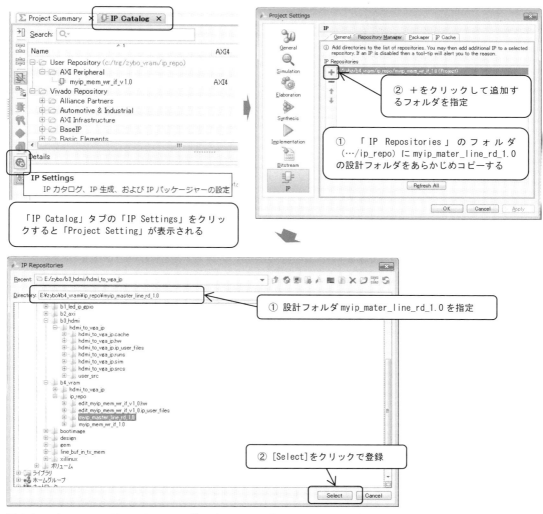

図4-3 myip_master_line_rd（メモリ読み出し用IP）をIP Catalogへ登録

PS部を使うためのブロック・デザインの作成

メモリ・アクセス用IPが用意できたので，PS部を含むブロック・デザイン（mem_if_sys，図4-4）を作成します．

追加するIPは，ZYNQ_Processing_System, myip_mem_wr_if, myip_master_line_rd, Constantです．ブロック・デザインの作成手順は第2部第1章に紹介してあるので，ここでは必要な設定のみを説明します．

✓ processing_system7_0

processing_system7_0をブロック・デザインへ追加して「Customize Block」で設定ファイルZYBO_zynq_def.xmlを読み込みます（第2部第1章などを参照）．

設定の変更内容は図4-5です．「PS-PL Configuration」で「S AXI HP0 interface」を有効にしてAXIマスタ・タイプIPを接続可能にします．「Clock Configuration」でPL部に供給するFCLK_CLK0

第2部 ベア・メタル編／第4章 IPで作る画像処理システム－VRAMインターフェースの作成

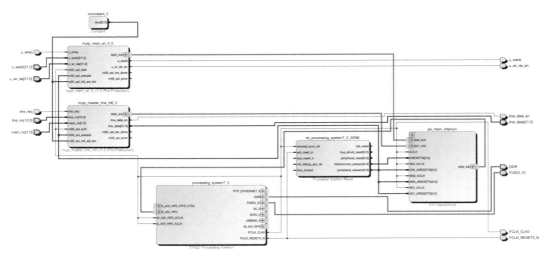

図4-4 PL部を含むブロック図（付属CD-ROMにファイル名 mem_if_sys.pdfで収録）

を100MHzから200MHzに変更します．これは100MHzでは転送レートが不足するのでクロック周波数を高くして対処しています．

✓ myip_mem_wr_if と myip_master_line_rd

myip_mem_wr_ifをブロック・デザインへ追加して「Customize Block」で設定します（図4-6）．その後，「Run Connection Automation」で配線接続します．myip_master_line_rdも追加して設定し（図4-7），「Run Connection Automation」で配線接続します．

✓ Constant

「Add IP」で「Constant」を追加して，0固定出力に設定してmyip_mem_wr_ifとmyip_master_line_rdのm00_axi_init_axi_txnに接続します．最後に図4-4を参考にして未接続端

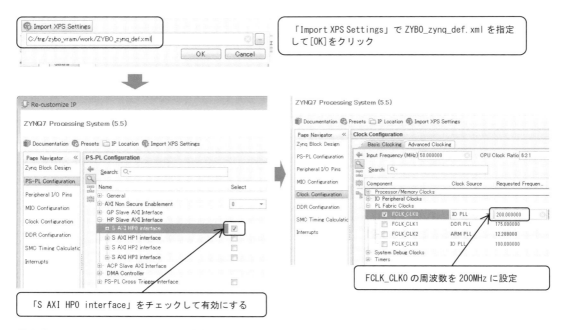

図4-5 processing_system7_0の設定変更

画像メモリ VRAM の追加

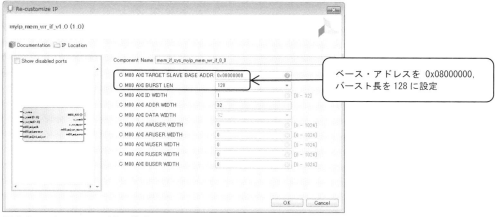

図 4-6　myip_mem_wr_if の設定

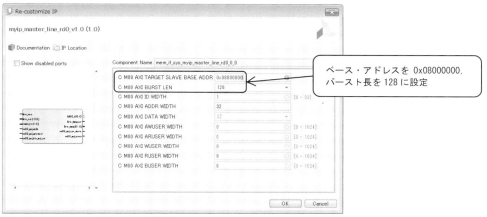

図 4-7　myip_mastr_line_rd の設定

子の接続や追加された信号のポートを作成します．

ユーザ回路は RTL で記述

　IP 化しない入力ライン・バッファと画像出力回路は Verilog HDL の RTL で記述します．メモリ・アクセス IP のソース・コードを見て，IP とのインターフェース回路を設計します．付属 CD-ROM にソース・コードがありますので参考にしてください．

✓　入力ライン・バッファ line_buf_in の作成

　画像データをこま切れで転送すると転送効率が悪くなります．1 ライン分のデータを蓄えてから myip_mem_wr_if にまとめて転送して転送効率を上げます．

　また，HDMI 入力クロック側とシステム・クロック（FCLK_FCLK0）側のデータ・レートの違いもここで吸収します．

　図 4-8 は入力ライン・バッファ line_buf_in の内部構成です．入力されたデータは FIFO へ蓄えて，入力ラインの終わりで u_wreq を 1 にして，myip_mem_wr_if に転送リクエストを発行します．

　myip_mem_wr_if は転送可能になると u_wr_da_en を 1 にするので，FIFO からデータを出力します．ライン・データの転送途中で転送が中断された場合は，再度リクエストを発行します．FIFO は，「IP Catalog」の「FIFO Generator」で，24bit×1024Word のサイズで作成しました（図 4-9）．

79

第2部 ベア・メタル編／第4章 IPで作る画像処理システム—VRAMインターフェースの作成

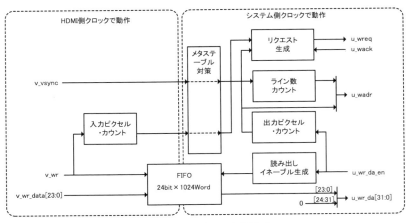

図4-8 入力ライン・バッファ line_buf_in の内部構成

✓ 画像出力回路 v480p_24b_out

画像出力回路 v480p_24b_out は 480p のタイミングに合わせて画像用同期信号(VSYNC, HSYNC)を生成し，有効画像データを出力します．また，システム・クロック側と画像出力側のデータ・レートの違いもここで吸収します．

図 4-10 は画像出力回路の内部構成です．画像入力と同様に，こま切れで読み出したのでは転送効率が悪いので，ラインの先頭のタイミングで読み出しのリクエストを発行して1ライン分のデータをFIFO に蓄えます．画像表示タイミングで FIFO からデータを取り出して出力します．FIFO は入力ライン・バッファの FIFO と同じサイズです．

画像出力クロックは，clk_wiz_pclk で 125MHz のクロックから 27MHz のクロックを生成しています．clk_wiz_pclk は「IP Catalog」の「Clocking Wizard」で作成しました（図 4-11）．

トップ回路記述の作成

トップ回路は Verilog HDL で記述します．トップ回路記述には，dvi_dec と hdmi_to_rgb がすでにインスタンスしてあります．

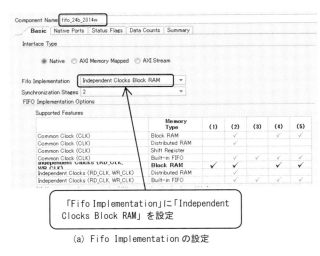

(a) Fifo Implementation の設定　　(b) Width と Depth の設定

図4-9 FIFO の設定

画像メモリ VRAM の追加

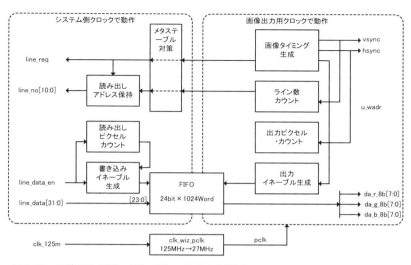

図 4-10　画像出力回路 v480p_24b_out の内部構成

図 4-1 のように line_buf_in と mem_if_sys と v480p_24b_out をインスタンスして信号接続します．変更個所の詳細は付属 CD-ROM のソース・コード（hdmi_to_vga_b4.v）を参照してください．

追加する Verilog HDL ソース・コードをプロジェクトに登録して，vram_no 信号を ZYBO 上の SW0（G15），SW1（P15），SW_STOP（P16）にピン配置指定して，Bit ファイルを作成します．

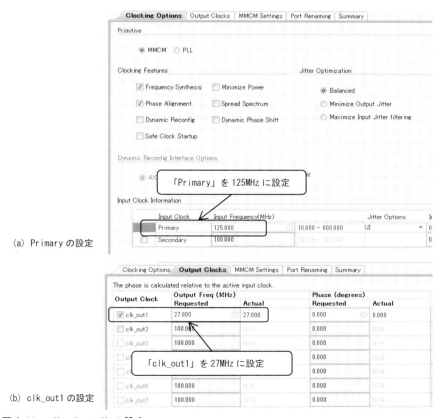

(a) Primary の設定

(b) clk_out1 の設定

図 4-11　clk_wiz_pclk の設定

第2部 ベア・メタル編／第4章 IPで作る画像処理システム－VRAMインターフェースの作成

リスト4-1　プロセッサ用プログラム hdmi_to_vga_list1.c

```c
#include <stdio.h>
#include "platform.h"
#include "xparameters.h"
#include "xil_cache.h"
//VRAMのベース・アドレス定義
#define VRAM_BSASE_ADDR 0x8000000
#define VRAM_P1_BSASE_ADDR VRAM_BSASE_ADDR
#define VRAM_P2_BSASE_ADDR VRAM_BSASE_ADDR + 0x1000000
void print(char *str);
int main()
{
    volatile unsigned int *vram_ptr;
    int h,v,i;
    volatile int delay_cnt;
    init_platform();
    Xil_DCacheDisable(); //キャッシュの無効化
    print("Hello World\n\r");
    while(1) {
        for(i=0;i<16;i++) {
            for(v=0;v<480;v++) { //ライン数カウント
                //1ライン当たり8192Byteを割り当て
                vram_ptr = (unsigned int *)(VRAM_P2_BSASE_ADDR + v*8192);
                //水平方向ピクセル数カウント．2ピクセルごとに書き込み
                for(h=0;h<720;h++) {
                    if(h<150)
                        *vram_ptr = 0xffffff; //白
                    else if(h<300)
                        *vram_ptr = 0xff;      //赤
                    else if(h<450)
                        *vram_ptr = 0xff00;    //緑
                    else if(h<600)
                        *vram_ptr = 0xff0000;  //青
                    else
                        *vram_ptr = 0x0;       //黒
                    vram_ptr++;
                }
            }
            for(delay_cnt=0;delay_cnt<2000000;delay_cnt++);
        }
        while(1);
    }
}
```

写真4-1　実機動作確認

動作確認

　ZYBOのプログラミング用USB端子とPC，VGA端子とモニタ，HDMI端子とカメラを接続します．カメラのビデオ出力はHDMIの480pに設定してください．

　ZYBO上のZynqにBitファイルを書き込みます．PS部でプログラムの実行前はPL部へのクロックが供給されないので，この時点では画像は表示されません．

　SDKを起動して新規のプロジェクトを作成して**リスト4-1**のプログラムを実行します．SW0がOFFのときはカメラからの画像がモニタに表示され（**写真4-1**），ONのときは**リスト4-1**のプログラムで作られた白赤緑青黒のバーが表示されれば正常動作です．

補足：回路のデバッグについて

　実機動作確認で画像表示できない場合はデバッグが必要です．ユーザが設計した回路は，シミュレーションで動作確認ができますが，PS部から入力されるAXI信号の振る舞いは分かりません．これらの信号は実機動作時の波形を確認する必要があります．

　著者は内部信号を表示できるVivadoロジック・アナライザを使用しました．Vivadoロジック・アナライザは従来は有償ツールでしたが，Vivodo 2015.4からは無償のWebPACKでも利用可能です．

第 2 部 ベア・メタル編

第5章　IP で作る画像処理システム－HLS を使った画像処理回路の作成

●本章で使用する Vivado
Vivado WebPACK 2015.4

　前章の画像メモリ（以降 VRAM）を搭載した回路をベースにして，高位合成ツール Vivado HLS（High Level Synthesis）を使って，C 言語ソース・コードから高位合成した画像処理回路を追加します（**写真 5-1**）．

　従来，Vivado HLS は有償版のみで WebPACK では使用できませんでしたが，Vivado 2015.4 から WebPACK でも無償で利用可能になりました．

5.1　高位合成ツール Vivado HLS の使い方

Vivado HLS のインストール

　Vivado HLS がインストールされていない場合は**図 5-1** の手順でインストールします．「Add

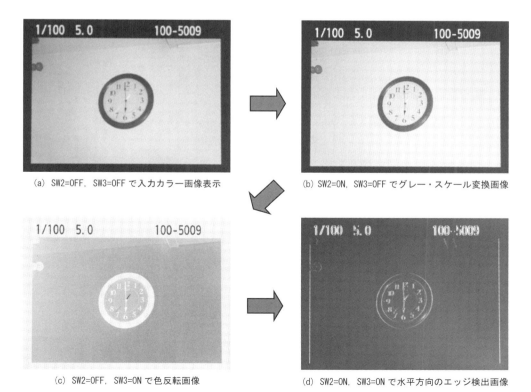

(a) SW2=OFF, SW3=OFF で入力カラー画像表示　　(b) SW2=ON, SW3=OFF でグレー・スケール変換画像

(c) SW2=OFF, SW3=ON で色反転画像　　(d) SW2=ON, SW3=ON で水平方向のエッジ検出画像

写真 5-1　画像処理システムの動作（SW2, SW3 は ZYBO 上のスイッチ．印刷の関係で白黒）

図 5-1　Vivado HLS のインストール

リスト 5-1　グレー・スケール変換の C ソース

```
unsigned int hls_block(unsigned char da_r_i,
                       unsigned char da_g_i,
                       unsigned char da_b_i){
  unsigned char da_r;
  unsigned char da_g;
  unsigned char da_b;
  unsigned int ans;
  unsigned short da_gray;
  //グレー・スケール変換
  da_gray = (77*da_r_i + 150*da_g_i + 29*da_b_i )>>8;
  //変換結果を3色に代入
  da_r = da_gray;
  da_g = da_gray;
  da_b = da_gray;
  //ビット位置の調整
  ans = (da_b<<16)+ (da_g<<8) + (da_r);
  return ans;
}
```

Design Tools or Devices」を実行して，ウィザードに従って操作します．

Vivado 2015.4 以降では WebPACK のライセンスに Vivado HLS のライセンスが含まれているので新規のライセンス取得は不要です．

Vivado 2015.4 より前のバージョンの場合は，ザイリンクスのウェブ・サイトのアカウントにログインしてから Vivado HLS の評価ラインセンスを取得できます．

ライセンスはメールで送付されるので，License Manager でライセンスを組み込みます．ライセンスの詳細についてはザイリンクスのサイトなどで確認してください．評価ライセンスの有効期間は 1 カ月です．

Vivado HLS の基本的な使い方

Vivado HLS の高位合成を図 5-2，図 5-3 の手順で試してみます．

トップ・ファンクションに指定した名称（hls_block）の関数がトップ回路になります．関数の引数が入力，戻り値は出力になります．

高位合成が完了すると Verilog HDL，VHDL で記述された回路が作成されます．IP のデータが作られます．

リスト 5-1 はグレー・スケール変換の C ソース・コードです．変換は以下の演算を使っています．

$$Gray = 0.299R + 0.587G + 0.114B$$

ただし，$Gray$：グレー・スケール値，R：赤，G：緑，B：青

C のソース・コードでは，下記のように，係数を 256 倍して各色に掛け，加算結果を 8bit 右シフトすることで 256 分の 1 にして演算しています．

```
da_gray =(77*da_r_i + 150*da_g_i + 29*da_b_i )>>8;
```

演算結果を各色に代入するとグレー・スケール画像になります．

高位合成ツール Vivado HLS の使い方

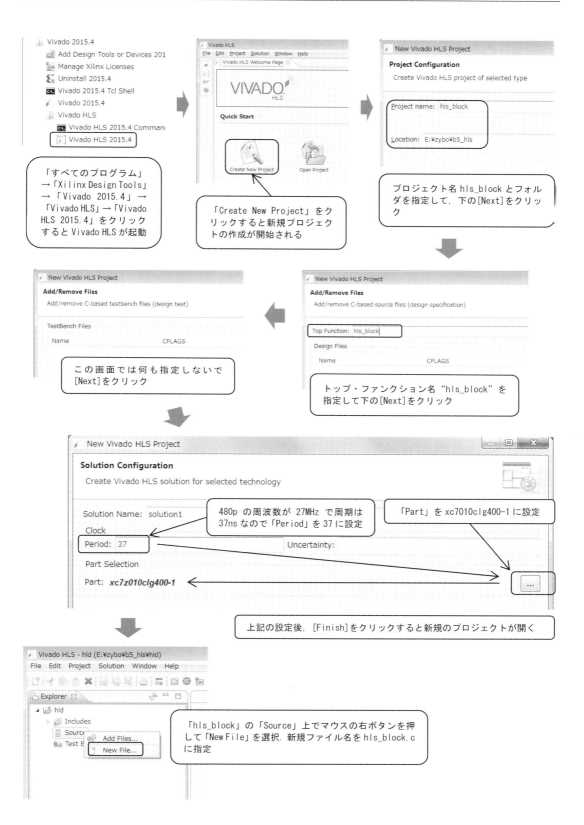

図 5-2　Vivado HLS でのプロジェクト作成 1

第2部 ベア・メタル編／第5章 IPで作る画像処理システム―HLSを使った画像処理回路の作成

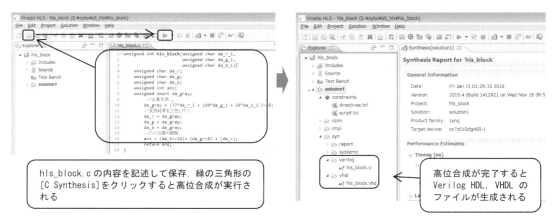

図5-3 Vivado HLSでのプロジェクト作成2

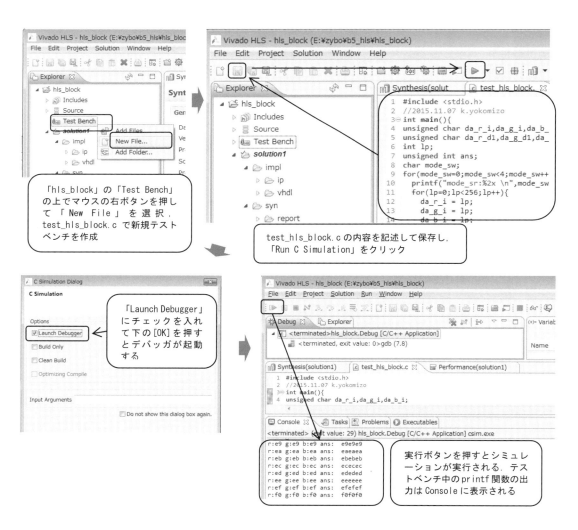

図5-4 Vivado HLSでのシミュレーション

Vivado HLS でシミュレーション

Vivado HLS ではシミュレーションも実行できます．テストベンチも C 言語で作成します．テストベンチの main 関数では合成対象の hls_block の引数を作り，hls_block を関数コールして引数を渡します．

printf 関数などを使って結果を表示することが可能で，printf 関数の出力はデバッガの Console に表示されます．シミュレーションの手順は図 5-4 です．

5.2　色反転とエッジ検出の追加

少し機能を追加してみます．引数に mode_sw を追加して，値が 0 の場合はデータを変更せずに出力，1 の場合はグレー・スケール変換，2 の場合は色の反転，3 の場合は水平方向のエッジ検出です．

エッジ検出に必要な隣のピクセルのデータは，da_r_d1, da_g_d1, da_b_d1 として外部から引数で受け取ります．リスト 5-2 は機能追加したソース・コードです．HLS で合成して hls_block の IP データを作成します（図 5-5）．

画像処理回路の組み込みと実機動作確認

Vivado HLS で生成された IP を Verilog HDL のモジュールを組み込みます．第 2 部第 4 章の Vivado

リスト 5-2　色反転とエッジ検出追加を追加した C ソース

```
unsigned int hls_block(unsigned char da_r_i,
           unsigned char da_g_i,
           unsigned char da_b_i,
           unsigned char da_r_d1,
           unsigned char da_g_d1,
           unsigned char da_b_d1,
           unsigned char mode_sw){
  unsigned int ans;
  unsigned char da_r,da_g,da_b;
  short da_gray;
  switch (mode_sw){
    case 0:{ //変更なし
      da_r = da_r_i;
      da_g = da_g_i;
      da_b = da_b_i;
      break;
    }
    case 1:{ //グレー・スケール変換
      da_gray = (77*da_r_i + 150*da_g_i + 29*da_b_i )>>8;
      da_r = da_gray;
      da_g = da_gray;
      da_b = da_gray;
      break;
    }
    case 2:{ //色反転
      da_r = 255-da_r_i;
      da_g = 255-da_g_i;
      da_b = 255-da_b_i;
      break;
    }
    case 3:{ //横方向エッジ検出
      da_r = abs(da_r_d1-da_r_i);
      da_g = abs(da_g_d1-da_g_i);
      da_b = abs(da_b_d1-da_b_i);
      break;
    }
  }
```

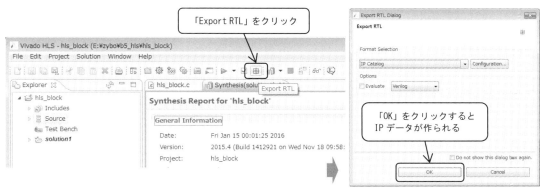

図 5-5　IP データの生成

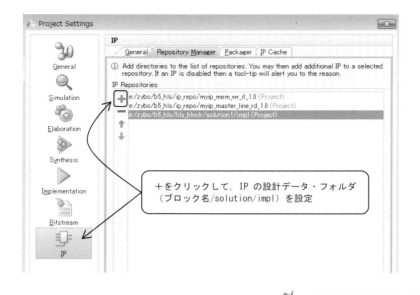

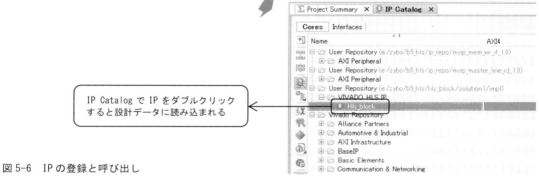

図5-6 IPの登録と呼び出し

の設計プロジェクトを開き，IP Catalog へ hls_block を登録し，その後に設計データ呼び出します（**図5-6**）．

　hls_block_top に hls_block をインスタンスして，未使用の信号は固定値にします．次にトップ回路記述に hls_block_top をインスタンスして，hdmi_to_rgb と line_buf_in 間に接続します．

　mode_sw は ZYBO の SW2（W13）と SW3（T16）にピン配置して，Bit ファイルを作成します．Bit ファイルを Zynq に書き込んで SDK から第2部第4章のプログラムを実行します．

　SW2 と SW3 を切り替えてグレー・スケール画像，色反転画像，エッジ検出画像（冒頭の**写真5-1**）が表示できれば正常動作です．

まとめ

　紹介した画像処理は単純な演算なので，HDL で作成してもソース・コードの記述量はあまり変わりませんが，より複雑な処理を実現する場合は C 言語での記述の方が簡単になります．

　また，シミュレーションについてはテストベンチを C 言語で書けるので，HDL より素早く検証ができ，このような単純な演算でもメリットがありました．

第2部 ベア・メタル編

第6章　LEDマトリクス表示制御回路の作成

●本章で使用するVivado
Vivado WebPACK 2015.4

　本章では，PL部のロジックを使って，32×16ドットRGBフル・カラーLEDマトリクスのダイナミック点灯制御回路を作成します．ハードウェアの高速動作を生かして輝度制御機能も付加します．Vivadoの使い方は，前章までを参照してください．

6.1　使用したLEDマトリクスの仕組み

　使用するLEDマトリクスは，32×16ドットのRGBフル・カラー・ドット・マトリクスLEDパネル（購入先：秋月電子通商，商品名：RGBフルカラードットマトリクスLEDパネル 16x32ドット，adafruit PRODUCT ID: 420，通販コード M-07764）です．このLEDマトリクスは，シフト・レジスタ，ソース・ドライバ，シンク・ドライバを搭載しているので，少ない信号線でLEDマトリクスを制御可能です．

　図6-1は使用したLEDマトリクスの仕組みとタイム・チャートです．A，B，Cをデコードして制

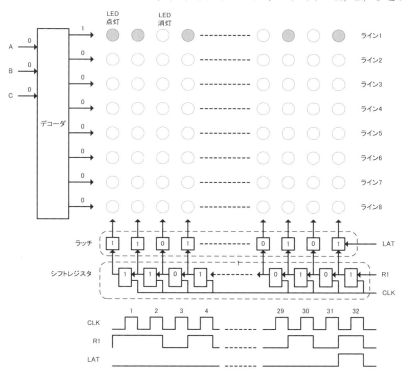

図6-1　使用したLEDマトリクスの仕組み

御するラインを決めます．上下8ラインに分けて1ラインずつ選択されます．シリアル・データは横方向で点灯するLEDを指定します．

LEDマトリクス内のシフトレジスタにデータを入力してLAT信号を0→1→0と変化させると，シフトレジスタの内容がラッチに保持されてLEDに反映します．R1（赤），G1（緑），B1（青）は上半分8ライン，R2（赤），G2（緑），B2（青）は下半分8ラインのシリアル・データ信号です．

使用したLEDマトリクスは同時に点灯するラインは二つしかありませんが，点灯するラインを高速で切り替えることにより，残像現象で全てのラインのLEDが点灯しているように見えるダイナミック点灯制御を行います．ダイナミック点灯制御にはハードウェアを使用して，表示メモリに入っている表示データをラインごとに読み出してLEDマトリクスへ転送します．

6.2 　制御回路

LEDマトリクス制御回路led_matrix_ctrlのブロック図は図6-2です．表示データはFIFOインターフェースから入力されて表示メモリに保存されます．制御回路は表示メモリから表示データを読み出してLEDを表示制御します．

表示メモリには512個のLEDの点灯データが入っていて，アドレス0番は左上端の表示データになり，1番は一つ右の表示データになり，32番は1ライン下の左端の表示データになります．一つのデータ内でビット3~0は赤，ビット7~4は緑，ビット11~8は青の輝度を表しています．

ダイナミック点灯制御にはカウンタを使用します．ベース・カウンタはシフトレジスタ用クロックの周期，遅延カウンタは輝度により挿入する遅延時間，クロック・カウンタはシフトレジスタ用クロ

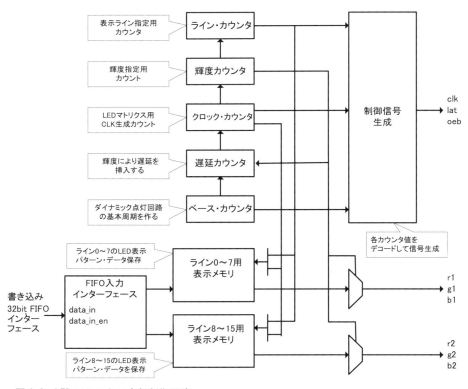

図6-2　LEDマトリクス点灯制御回路

動作確認

表 6-1　ZYBO と LED マトリクスの接続

LED マトリクス	トップ回路	Zynq	回路図	Pmod	備考
CLK	led_clk	T20	JB1_P	JB1	300Ωの抵抗を介して接続
LAT	lat	U20	JB1_N	JB2	
OEB	oeb	V20	JB2_P	JB3	
A	line[0]	W20	JB2_N	JB4	
B	line[0]	Y18	JB3_P	JB7	
C	line[0]	Y19	JB3_N	JB8	
R1	r1	W18	JB4_P	JB9	
R1	r2	W19	JB4_N	JB10	
G1	g1	V15	JC1_P	JC1	
G2	g2	W15	JC1_N	JC2	
B1	b1	T11	JC2_P	JC3	
B2	b2	T10	JC2_N	JC4	
GND	−	−	GND	JB5	
GND	−	−	−		外部電源 GND
5V	−	−	−		外部電源 5V

ック数, 輝度カウンタは各色 4bit の輝度ビット, ライン・カウンタはライン数, それぞれをカウントします.

　シフトレジスタ用クロック数のカウンタの値に応じてメモリからデータを取り出してシリアル・データとして出力します. **リスト 6-1** は LED マトリクス表示制御回路の Verilog HDL のソース・コードです.

FIFO インターフェース

　この LED マトリクス表示制御回路は第 3 部で使用するので, 表示データは Xillybus の 32bit FIFO インターフェースに合わせてあります.

　data_in_en が 1 のときに data_in の値を取り込みます. データは 32bit ありますが, 表示メモリへの書き込みデータはビット 11~0 で, 書き込みアドレスはビット 24~16 です. 他のビットは使用しません.

輝度調整

　oeb は 28 クロック目でイネーブルになり LED が点灯します. このときに遅延を挿入して輝度を調整します. 輝度データの LSB 側のビットが 1 のときは遅延を少なくし, ビットが大きくなるに合わせて遅延を大きくします. これにより輝度を再現しています.

　輝度データが 0 のビットは LED が点灯しないので全ビットが 0 のときには LED は点灯しません.

6.3　動作確認

　この LED マトリクス制御回路は表示データを入力しないと LED マトリクスを点灯させないので, トップ回路記述 (**リスト 6-2**) を作成してアドレスと表示データを発生する回路を用意します.

　ZYBO と LED マトリクスの接続は**表 6-1** です. 接続は**写真 6-1** になります. Vivado でピン配置指定して Bit ファイルを作成します. ZYBO と LED マトリクス接続して電源を入れたら, Bit ファイルを書き込みます. **写真 6-2** のように LED マトリクスが表示すれば正常動作です.

第 2 部 ベア・メタル編／第 6 章 LED マトリクス表示制御回路の作成

リスト 6-1　LED マトリクス表示制御回路 led_matrix_ctrl.v

```verilog
module led_matrix_ctrl(
  input  clk,
  input  reset,
  input  [31:0] data_in,
  input  data_in_en,
  output reg led_clk,
  output reg lat,
  output reg oeb,
  output reg r1,
  output reg g1,
  output reg b1,
  output reg r2,
  output reg g2,
  output reg b2,
  output reg [2:0] line
  );
  parameter p_base_cnt_t = 480;
  parameter p_base_cnt_max = (p_base_cnt_t-1);//ベース・カウンタ最大値
  parameter p_base_cnt_led_clk = (p_base_cnt_t/2-1) ; //led_clk
  parameter p_line_cnt_max = 7;        //line_cnt 最大値
  parameter p_bl_cnt_max = 3;          //bl_cn 最大値
  parameter p_delay_cnt_0 = 1 ;        //輝度ビット 0 の遅延時間
  parameter p_delay_cnt_1 = 4 ;        //輝度ビット 1 の遅延時間
  parameter p_delay_cnt_2 = 18 ;       //輝度ビット 2 の遅延時間
  parameter p_delay_cnt_3 = 40 ;       //輝度ビット 3 の遅延時間
  parameter p_led_clk_cnt_max = 31 ;   //led_clk_cnt 最大
  parameter p_led_clk_cnt_lat_s = 31 ; //lat start
  parameter p_led_clk_cnt_lat_e = 0 ;  //lat end
  parameter p_led_clk_cnt_oeb_s = 27 ; //oeb start
  parameter p_led_clk_cnt_oeb_e = 30 ; //oen end
  reg [16:0]base_cnt;
  reg tmg_sig;
  reg led_clk_sig;
  reg [2:0]line_cnt;
  reg [9:0]delay_cnt;
  wire [9:0]delay_cnt_max;
  reg [1:0]bl_cnt;
  reg [1:0]bl_cnt_hold;
  reg [4:0]led_clk_cnt;
  reg [8:0]w_adr;
  reg data_in_en_d1;
  wire wea_1;
  wire wea_2;
  reg [11:0]dina;
  wire [7:0]r_adr;
  wire [11:0]r_data_1;
  wire [11:0]r_data_2;

  //
  // FIFO 入力インターフェース
  //

  //表示メモリ 書き込みデータ
  always@(posedge clk )
  if( reset==1'b1)
    dina <= 12'h000;
  else
    if(data_in_en == 1'b1)
      dina <= data_in[11:0];
    else
      dina <= dina;

  //表示メモリ 書き込みイネーブル
  always@(posedge clk )
  if( reset==1'b1)
    data_in_en_d1 <=1'b0;
  else
    data_in_en_d1 <= data_in_en;

  assign wea_1=((data_in_en_d1==1'b1)&&(w_adr[8]==1'b0))?1'b1:1'b0;
  assign wea_2=((data_in_en_d1==1'b1)&&(w_adr[8]==1'b1))?1'b1:1'b0;

  //表示メモリ 書き込みアドレス
  always@(posedge clk )
  if( reset==1'b1)
    w_adr <=9'h000;
  else
```

```verilog
    if(data_in_en==1'b1)
      w_adr <= data_in[24:16];
    else
      w_adr <= w_adr;

  //ライン 0-7 表示データ・メモリ
  ram_12b_256w ram_1 (
  .clka(clk),          // input clka
  .wea(wea_1),         // input [0 : 0] wea
  .addra(w_adr),       // input [7 : 0] addra
  .dina(dina),         // input [11 : 0] dina
  .clkb(clk),          // input clkb
  .addrb(r_adr[7:0]),  // input [7 : 0] addrb
  .doutb(r_data_1)     // output [11 : 0] doutb
  );

  //ライン 8-15 表示パターン・データ
  ram_12b_256w ram_2 (
  .clka(clk),          // input clka
  .wea(wea_2),         // input [0 : 0] wea
  .addra(w_adr),       // input [7 : 0] addra
  .dina(dina),         // input [11 : 0] dina
  .clkb(clk),          // input clkb
  .addrb(r_adr[7:0]),  // input [7 : 0] addrb
  .doutb(r_data_2)     // output [11 : 0] doutb
  );

  //
  //カウンタ
  //

  //ベース・カウンタ
  always@(posedge clk )
  if( reset==1'b1)
    base_cnt <= 17'd0;
  else
    if(base_cnt == p_base_cnt_max)
      base_cnt <= 17'd0;
    else
      base_cnt <= base_cnt + 14'd1;

  always@(posedge clk )
  if( reset==1'b1)
    tmg_sig <= 1'b0;
  else
    if(base_cnt == p_base_cnt_max)
      tmg_sig <= 1'b1;
    else
      tmg_sig <= 1'b0;

  always@(posedge clk )
  if( reset==1'b1)
    led_clk_sig <= 1'b0;
  else
    if(base_cnt == p_base_cnt_led_clk)
      led_clk_sig <= 1'b1;
    else
      led_clk_sig <= 1'b0;

  //遅延カウンタ
  //bl_cnt_hold の値によって delay_cnt の最大値を変える
  assign delay_cnt_max=(bl_cnt_hold==2'd0)? p_delay_cnt_0:
                       (bl_cnt_hold==2'd1)? p_delay_cnt_1:
                       (bl_cnt_hold==2'd2)? p_delay_cnt_2:
                                            p_delay_cnt_3;

  always@(posedge clk )
  if( reset==1'b1)
    bl_cnt_hold <= 2'd0;
  else
    if(tmg_sig== 1'b1)
      if(led_clk_cnt==31)
        bl_cnt_hold <= bl_cnt;
      else
        bl_cnt_hold <= bl_cnt_hold;
    else
      bl_cnt_hold <= bl_cnt_hold;
```

動作確認

リスト6-1　LEDマトリクス表示制御回路 led_matrix_ctrl.v（つづき）

```verilog
  always@(posedge clk )
  if( reset==1'b1)
    delay_cnt <= 10'd0;
  else
    if(tmg_sig== 1'b1)
      if(led_clk_cnt==28)
        delay_cnt <= 10'd1;
      else
        if (delay_cnt==0)
          delay_cnt <= 10'd0;
        else
          if(delay_cnt==delay_cnt_max)
            delay_cnt <= 10'd0;
          else
            delay_cnt <= delay_cnt + 10'd1;
    else
      delay_cnt <= delay_cnt ;

  //クロック・カウンタ
  always@(posedge clk )
  if( reset==1'b1)
    led_clk_cnt <= 5'd0;
  else
    if((tmg_sig== 1'b1)&&(delay_cnt==0))
      if(led_clk_cnt==p_led_clk_cnt_max)
        led_clk_cnt <= 5'd0;
      else
        led_clk_cnt <= led_clk_cnt + 5'd1;
    else
      led_clk_cnt <= led_clk_cnt;

  //輝度カウンタ
  always@(posedge clk )
  if( reset==1'b1)
    bl_cnt <= 2'd0;
  else
    if((tmg_sig== 1'b1)&&(led_clk_cnt==p_led_clk_cnt_max))
      if(bl_cnt==p_bl_cnt_max)
        bl_cnt <= 2'd0;
      else
        bl_cnt <= bl_cnt + 2'd1;
    else
      bl_cnt <= bl_cnt ;

  //ライン・カウンタ
  always@(posedge clk )
  if( reset==1'b1)
    line_cnt <= 3'd0;
  else
    if((tmg_sig==1'b1)&&(led_clk_cnt==p_led_clk_cnt_max)&& (bl_cnt==p_bl_cnt_max))
      if(line_cnt==p_line_cnt_max)
        line_cnt <= 3'd0;
      else
        line_cnt <= line_cnt + 3'd1;
    else
      line_cnt <= line_cnt ;

  //制御信号生成
  always@(posedge clk )
  if( reset==1'b1)
    line <= 3'd0;
  else
    if((tmg_sig== 1'b1)&&(led_clk_cnt==p_led_clk_cnt_max)&&(bl_cnt==2'b00))
      line <= line_cnt;
    else
      line <= line ;

  always@(posedge clk )
  if( reset==1'b1)
    led_clk <= 1'b0;
  else
    if(delay_cnt==0)
      if(tmg_sig== 1'b1)
        led_clk <= 1'b0;
      else
        if(led_clk_sig==1'b1)
```

```verilog
          led_clk <= 1'b1;
        else
          led_clk <= led_clk;
    else
      led_clk <= led_clk;

  always@(posedge clk )
  if( reset==1'b1)
    lat <= 1'b0;
  else
    if(tmg_sig== 1'b1)
      if(led_clk_cnt==p_led_clk_cnt_lat_s)
        lat <= 1'b1;
      else
        if(led_clk_cnt==p_led_clk_cnt_lat_e)
          lat <= 1'b0;
        else
          lat <= lat;

  always@(posedge clk )
  if( reset==1'b1)
    oeb <= 1'b1;
  else
    if(tmg_sig== 1'b1)
      if(led_clk_cnt==p_led_clk_cnt_oeb_s)
        oeb <= 1'b0;
      else
        if(led_clk_cnt==p_led_clk_cnt_oeb_e)
          oeb <= 1'b1;
        else
          oeb <= oeb;

  assign r_adr ={line_cnt,led_clk_cnt};

  //シリアル・データ
  always@(posedge clk )
  if( reset==1'b1)
    begin
      r1<= 1'b0;
      g1<= 1'b0;
      b1<= 1'b0;
      r2<= 1'b0;
      g2<= 1'b0;
      b2<= 1'b0;
    end
  else
    if((delay_cnt==0)&&(tmg_sig== 1'b1))
      begin
        r1<= r_data_1[bl_cnt];
        g1<= r_data_1[bl_cnt+4];
        b1<= r_data_1[bl_cnt+8];
        r2<= r_data_2[bl_cnt];
        g2<= r_data_2[bl_cnt+4];
        b2<= r_data_2[bl_cnt+8];
      end
    else
      begin
        r1<= r1;
        g1<= g1;
        b1<= b1;
        r2<= r2;
        g2<= g2;
        b2<= b2;
      end
endmodule
```

93

リスト6-2 トップ回路記述 led_matrix_top.v

```verilog
module led_matrix_top(
  input  clk,
  input  reset,
  output led_clk,
  output lat,
  output oeb,
  output r1,
  output g1,
  output b1,
  output r2,
  output g2,
  output b2,
  output [2:0] line,
  output led
);
wire [31:0] data_in;
reg data_in_en;
reg [8:0]adr;
reg [7:0]init_cnt;
reg [23:0]led_cnt;

//起動時の待機時間のカウント
always@(posedge clk )
if( reset==1'b1)
  init_cnt <= 8'h00;
else
  if(init_cnt == 8'hff)
    init_cnt <= 8'hff;
  else
    init_cnt <= init_cnt +8'h1;

//アドレス生成
always@(posedge clk )
if( reset==1'b1)
  adr <= 9'h000;
else if(init_cnt == 8'hff)
  if(adr == 9'h1ff)
    adr <= 9'h1ff;
  else
    adr <= adr +9'h1;
else
  adr <= adr;

//書き込みデータ・イネーブル生成
always@(posedge clk )
if( reset==1'b1)
  data_in_en<=1'b0;
else
  if((adr == 9'h000)&&(init_cnt == 8'hfe))
    data_in_en <= 1'b1;
  else
    if((adr == 9'h1ff)&&(init_cnt == 8'hff))
      data_in_en <= 1'b0;
    else
      data_in_en <= data_in_en;

//起動確認用点滅LED
always@(posedge clk )
if( reset==1'b1)
  led_cnt <= 0;
else
  led_cnt <= led_cnt + 1;

assign led = led_cnt[23];

//led_matrix_ctrlのインスタンス
led_matrix_ctrl led_matrix_ctrl(
  .clk(clk),
  .reset(reset),
  .data_in(data_in),
  .data_in_en(data_in_en),
  .led_clk(led_clk),
  .lat(lat),
  .oeb(oeb),
  .r1(r1),
  .g1(g1),
  .b1(b1),
  .r2(r2),
  .g2(g2),
  .b2(b2),
  .line(line)
);

endmodule
```

//書き込みデータ生成．アドレスからグラデーションを表示データ生成
assign data_in = (adr[4]==1'b1)?{7'b0000000,adr,4'b000,adr[8:5],4'h0,adr[3:0]}:{7'b0000000,adr,4'b000,adr[8:5],adr[3:0],4'h0};

写真6-1 接続状態

写真6-2 LEDマトリクス表示

第2部 ベア・メタル編

第7章　GbEで画像転送 — GEMの使い方

●本章で使用するVivado
Vivado WebPACK 2015.3

ZynqにはイーサネットのMACレイヤを処理するギガビット・イサーネット・コントローラGEM（Gigabit Ethernet MAC）が搭載されています．

本章と次章では，GEMの設定と使用方法（本章），そしてGEMを使った画像転送装置の作成例（次章）を紹介します．

7.1　GEMの概要

GEMはPS部に組み込まれたハードIPで，10/100/1000Mbpsに対応するイーサネットMACです．図7-1はGEMの内部接続です．Zynqには図7-1の構成の回路が2個搭載されています．

外部PHYとのインターフェースは，通信用にRGMII（Reduced Gigabit Media Independent Interface），設定用にMDIO（Management Data I/O）を持ちます．

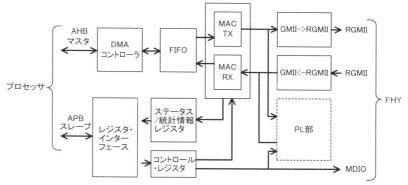

図7-1　GEMの内部接続

表7-1　GEMから外部に接続している信号一覧

役割	端子名	方向	ピン配置	接続先
RGMII送信クロック	FIXED_IO_mio[16]	出力	A19	PHY:RXC
RGMII送信データ0	FIXED_IO_mio[17]	出力	E14	PHY:RXD0
RGMII送信データ1	FIXED_IO_mio[18]	出力	B18	PHY:RXD1
RGMII送信データ2	FIXED_IO_mio[19]	出力	D10	PHY:RXD2
RGMII送信データ3	FIXED_IO_mio[20]	出力	A17	PHY:RXD3
RGMII送信イネーブル	FIXED_IO_mio[21]	出力	F14	PHY:RXCTL
RGMII受信クロック	FIXED_IO_mio[22]	入力	B17	PHY:RXC
RGMII受信データ0	FIXED_IO_mio[23]	入力	D11	PHY:RXD0
RGMII受信データ1	FIXED_IO_mio[24]	入力	A16	PHY:RXD1
RGMII受信データ2	FIXED_IO_mio[25]	入力	F15	PHY:RXD2
RGMII受信データ3	FIXED_IO_mio[26]	入力	A15	PHY:RXD3
RGMII受信イネーブル	FIXED_IO_mio[27]	入力	D13	PHY:RXCTL
MDIO用クロック	FIXED_IO_mio[52]	出力	C10	PHY:MDC
MDIO用データ	FIXED_IO_mio[53]	双方向	C11	PHY:MDIO

第2部 ベア・メタル編／第7章 GbEで画像転送－GEMの使い方

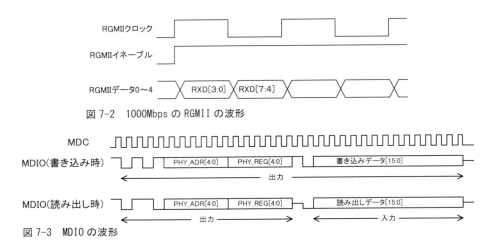

図7-2 1000MbpsのRGMIIの波形

図7-3 MDIOの波形

　Zynq内部ではデータ転送用にAHBマスタ，制御用にAPBスレーブが接続されています．表7-1はGEMから外部に接続している信号一覧です．

　GEMを使うにはソフトウェアからAPBスレーブ経由で設定用レジスタを操作します．GEMは，設定レジスタ値に従って，AHBマスタを介したDMA転送でメモリ上の通信データを読み出して，送信または受信データをDMA転送でメモリに書き込みます．

PHYとのインターフェース RGMII/GMII/MDIOの概要

　外部のPHYとの通信インターフェースはRGMIIになります．ただし，PL部を介してPHYと接続する場合はGMII（Gigabit Media Independent Interface）になります．

　RGMIIはデータ4本，イネーブル1本，クロック1本の信号構成で，1000Mbpsで使用するときはデータがクロックの立ち下がり/立ち上がりで変化するダブル・データ・レートです．クロック周波数は125MHzになります．図7-2は1000MbpsのRGMIIの波形です．100/10Mbpsではクロックの立ち上がりでデータが変化するので，クロック周波数は25MHzと2.5MHzになります．

　MDIOはPHYを設定するためのシリアル通信です．信号はクロック1本，データ信号1本です．データ信号は送信と受信を切り替えて使用します．

　図7-3はMDIOの波形です．GEMはレジスタ設定に従って波形を生成します．

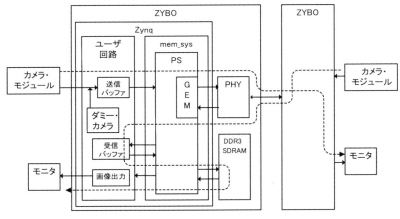

図7-4 画像転送回路の構成

7.2 画像転送装置の概要

画像転送回路の構成は図 7-4 です．送受信回路を搭載した ZYBO を 2 台使って，イーサネット経由で画像転送します．

Zynq のユーザ回路ではカメラ・モジュールまたはダミー・カメラからの画像データを含んだ通信フレームを作り，送信バッファでタイミング調整して PS 部へ渡します．

PS 部にある GEM は通信フレームを送信します．受信した通信フレームは GEM から受信バッファに入り，画像情報のみを外部 DDR3 SDRAM の画像データ領域に書き込みます．画像出力回路に画像データ領域から画像データを取り出して表示します．装置の作成と動作確認は 5 段階で行います．

- GEM の動作確認（本章）
- PL 部ユーザ回路での折り返し（次章）
- PS 部でメモリ・アクセスによる折り返し（次章）
- PHY での折り返し（次章）
- ZYBO 2 台での通信（次章）

7.3 GEM の動作確認

ハードウェアの設定

GEM は PS 部に属しているので少ない設定で動かすことができます．設計には Vivado2015.3 を使用します．他のバージョンでは SDK のサンプル・プロジェクトの内容が違ってきます．

定義ファイル ZYBO_zynq_def.xml[1]で設定したデザインに，PHY 用のリセット入力と出力，リセット確認用 LED の信号を追加した回路を作成します．手順は図 7-5～図 7-9 になります．ZYBO_zynq_def.xml を読み込むと ENET_0 にチェックが入り有効になります．

リスト 7-1 はトップ回路記述の変更部分です．sw は PHY 用リセット入力（ZYBO の BTN0），phy_rstb は PHY 用リセット出力，led は PHY リセット時に点灯する LED（ZYBO の LD0）の制御信号です．led へは sw を代入，phy_rstb は 0 でリセットなので sw の反転値を代入しています．

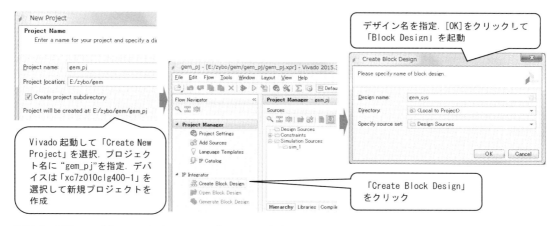

図 7-5　GEM ハードウェアの設定手順 1（ブロック・デザインの起動）

---

[1] 入手先：https://github.com/ucb-bar/fpga-zynq/blob/master/zybo/src/xml/ZYBO_zynq_def.xml（2016 年 1 月時点．以前は Digilent 社のサイトから入手できた）

第 2 部 ベア・メタル編／第 7 章 GbE で画像転送－GEM の使い方

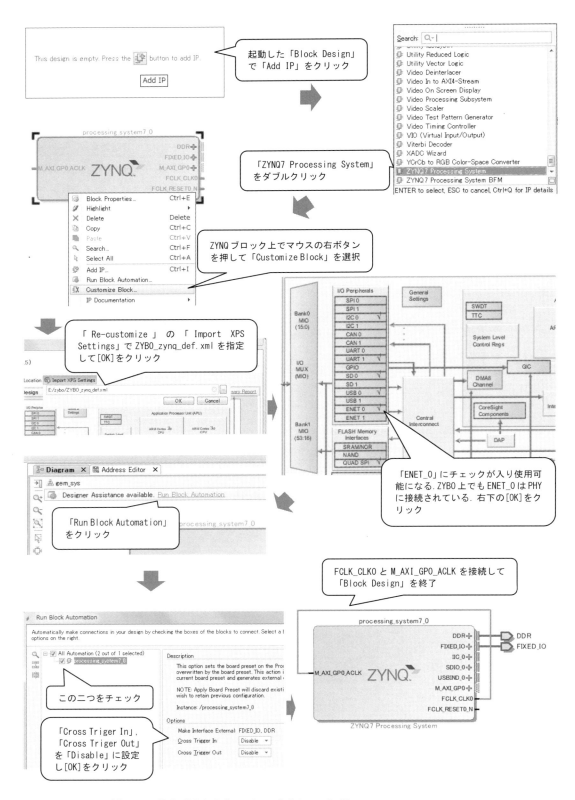

図 7-6 GEM ハードウェアの設定手順 2（ブロック・デザインの作成）

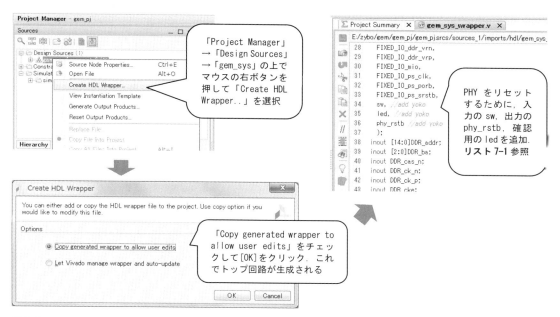

図7-7 GEMハードウェアの設定手順3（トップ記述の作成）

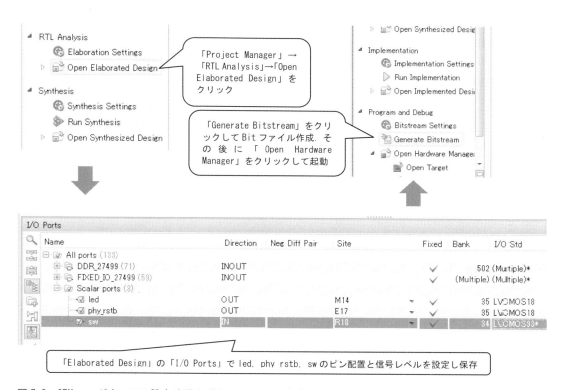

図7-8 GEMハードウェアの設定手順4（Bitファイルの生成）

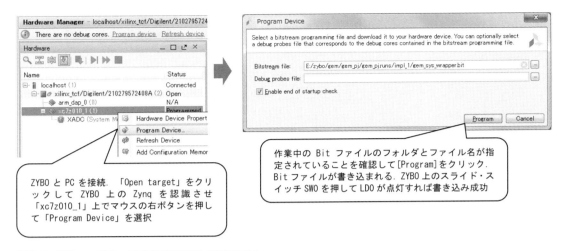

図7-9 GEMハードウェアの設定手順5（書き込み）

リスト7-1　gem_sys_wrapper.v

```
module gem_sys_wrapper
    (DDR_addr,
~途中省略~
    sw,         //追加
    led,        //追加
    phy_rstb    //追加
    );
~途中省略~
input sw;               //追加
output led;             //追加
output phy_rstb;        //追加
~途中省略~
assign led = sw;        //追加
assign phy_rstb = ~sw;  //追加
endmodule
```

リスト7-2　xemacps_example_uti_k1.cの変更個所

```
LONG EmacPsUtilEnterLoopback(
    XEmacPs * EmacPsInstancePtr, u32 Speed)
{
~途中省略~
/*
 * Enable loopback
 */
PhyReg0 &= 0x7fff; //変更①
PhyReg0 |= PHY_REG0_LOOPBACK;
Status = XEmacPs_PhyWrite(
    EmacPsInstancePtr, PhyAddr, 0, PhyReg0);
Status = XEmacPs_PhyRead(
    EmacPsInstancePtr, PhyAddr, 0, &PhyReg0);
if (Status != XST_SUCCESS) {
        EmacPsUtilErrorTrap(
            "Error setup phy loopback");
        return XST_FAILURE;
}

/*
 * Delay loop
 */
//for(i=0;i<0xfffff;i++);
for(i=0;i<0xffffff;i++); //変更②
/* FIXME: Sleep doesn't seem to work */
//sleep(1);

return XST_SUCCESS;
}
```

PHYのループバック・テスト

ハードウェアが完成したので，SDKでソフトウェアを作ります．初めにHello Worldを表示するアプリケーション・プロジェクトを作り，そのときに作られたBSPのsystem.mssから作成するイーサネットのループバック・プロジェクトを試してみます．

ここでのループバックは，PHYの設定でPHY内部で送信信号を受信信号へ接続して折り返すテストです．プログラムの作業手順は図7-10になります．

✓　サンプル・ソースの変更

リスト7-2はループバック・テストのCソース・コードxemacps_example_util.cの変更部分です．

変更①はPHYの設定レジスタPhyReg0のリセット・ビット（ビット15）を無効にしています．XEmacPs_PhyWriteを実行すると，MDIO経由でPHYのレジスタに設定が書き込まれます．

変更②はサンプル・コードの遅延時間では短いためにPHYがループバックに移行しないので，ループ回数を増やして遅延時間を多くしています．

プログラムを実行してZYBO上のLED LD6（LINK）が点灯して，「Console」に"Success in examples"と表示されれば正常動作です．再度プログラムを実行する場合は，プッシュ・スイッチBTN0を押してPHYをリセットする必要があります．

GEM の動作確認

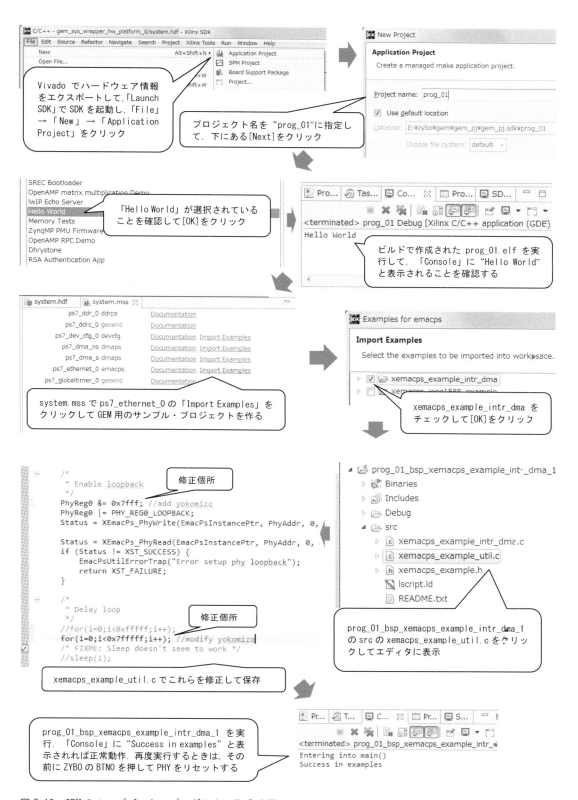

図 7-10 GEM のループバック・プログラムの作成手順

第 2 部 ベア・メタル編

第8章　GbE で画像転送－ハード&ソフトの作成

●本章で使用する Vivado
Vivado WebPACK 2015.3

　前章に続き，本章では画像転送装置を完成させます（写真 8-1）．
　画像転送装置のブロックは図 8-1 です．図 8-2 は PS 部を含む mem_sys のブロック・ダイアグラムです．表 8-1 はアドレス・マップ，表 8-2 はユーザ入出力信号一覧表です．
　使用した設計データは本書サポート・ページでダウンロードでき，ソース・コードは付属 CD-ROM に収録してあります．

8.1　画像データの転送経路

　データの転送順序を詳しく見てみます．

送信側の画像データの流れ

① 画像データの取り出し（camera_if）
② 送信ライン・バッファ（line_buf_in_tx）
③ 送信用メモリ・インターフェース（mem_if_tx）
④ 送信用 AXI マスタ・ユーザ IP（myip_mem_if）
⑤ GEM 用送信バッファ（PS 部メモリ・コントローラ，外部 DDR3 SDRAM）
⑥ GEM
⑦ 外部 PHY

写真 8-1　動作中の画像転送装置

画像データの転送経路

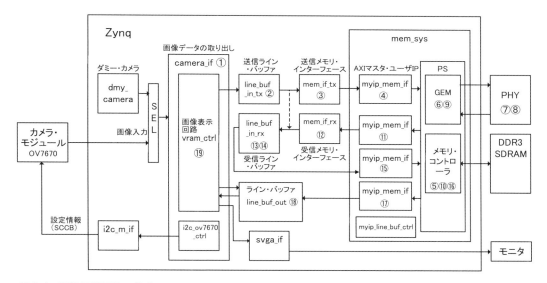

図8-1 画像転送回路の構成

受信側の画像データの流れ

⑧ 外部 PHY
⑨ GEM
⑩ GEM 受信バッファ（PS 部メモリ・コントローラ，外部 DDR3 SDRAM）
⑪ 受信用 AXI マスタ・ユーザ IP（myip_mem_if）
⑫ 受信用メモリ・インターフェース（mem_if_rx）
⑬ 受信ライン・バッファ（line_buf_in_rx）

受信後の画像表示用データの流れ

⑭ 1ラインの画像データ取得/受信ライン・バッファ（line_buf_in_rx）
⑮ 画像メモリ書き込み用 AXI マスタ・ユーザ IP（myip_mem_if）
⑯ 画像メモリ（PS 部メモリ・コントローラ，外部 DDR3 SDRAM）
⑰ 画像メモリ読み出し用 AXI マスタ・ユーザ IP（myip_mem_if）
⑱ ライン・バッファ（line_buf_out）
⑲ 画像表示回路（vram_ctrl）

表8-1 アドレス・マップ

アドレス	モジュール	用途
0x08000000	DDR3SDRAM	画像保存領域
0x09000000	DDR3SDRAM	GEM 用バッファ領域
0x43c00000	myip_line_buf_ctrl_0	mem_if_tx 用設定レジスタ
0x43c00004	myip_line_buf_ctrl_0	mem_if_tx 用ステータス・レジスタ
0x43c00008	myip_line_buf_ctrl_0	mem_if_tx 用アクセス・ベース・アドレス設定レジスタ
0x43c10000	myip_line_buf_ctrl_1	mem_if_rx 用設定レジスタ
0x43c10004	myip_line_buf_ctrl_1	mem_if_rx 用ステータス・レジスタ
0x43c10008	myip_line_buf_ctrl_1	mem_if_rx 用アクセス・ベース・アドレス設定レジスタ
0xE000B000	GEM	GEM 用レジスタ

第2部 ベア・メタル編／第8章 GbEで画像転送－ハード&ソフトの作成

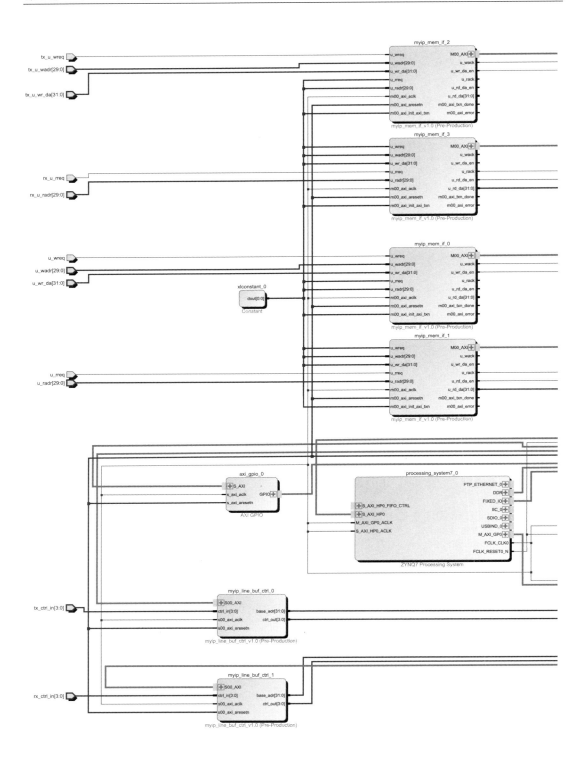

図8-2 PS部を含むmem_sysのブロック・ダイアグラム

画像データの転送経路

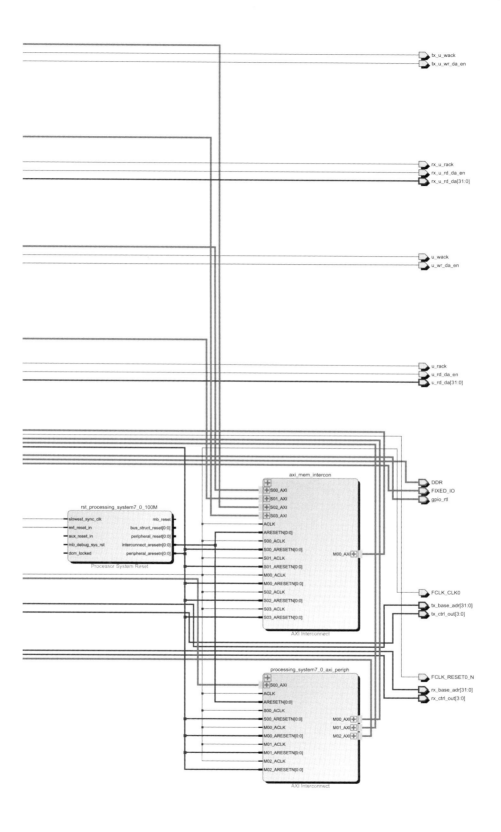

第2部 ベア・メタル編／第8章 GbE で画像転送－ハード&ソフトの作成

表8-2 ユーザ入出力信号一覧

信号名	I/O	ピン配置	用途	接続先
dmy_camera_mode	I	T16	入力画像選択 0：カメラ・モジュール，1：ダミー・カメラ	SW3（スライド SW）
page_mode	I	W13	画像メモリ設定 0：1面，1：2面	SW2（スライド SW）
tx_en_mode	I	P15	送信イネーブル 0：送信停止，1：送信許可	SW1（スライド SW）
pl_gem_mode	I	G15	送受信経路選択 0：PL 部で折り返し，1：PS 部	SW0（スライド SW）
init	I	V16	カメラ・モジュールの初期化．1：初期化実行	BTN2（プッシュ SW）
stop	I	P16	メモリ・インターフェースの停止 0：通常，1：停止	BTN1（プッシュ SW）
phy_rst_in	I	R18	PHY リセット用入力	BTN0（プッシュ SW）
phy_rstb_out	O	E17	PHY リセット用出力	PHY
led[0]	O	M14	PHY リセット用モニタ．1：リセット	LD0（LED）
led[1]	O	M15	GPIO 出力 0	LD1（LED）
led[2]	O	G14	GPIO 出力 1	LD2（LED）
led[3]	O	D18	起動確認用 LED．PL 部動作中に点滅	LD3（LED）
i_href	I	T20	カメラ・モジュールの水平同期信号	OV7670 の HREF
i_pclk	I	U20	カメラ・モジュールの出力クロック	OV7670 の PCLK
scl	O	V20	SCCB のクロック信号	OV7670 の SCL
i_c_vsync	I	Y19	カメラ・モジュールの垂直同期信号	OV7670 の VSYNC
xclk	O	W18	カメラ・モジュールの入力クロック	OV7670 の XCLK
sda	IO	W19	SCCB のデータ信号	OV7670 の SDA
i_indata[0]	I	V15	カメラ・モジュールの出力データ	OV7670 の D0
i_indata[1]	I	W14		OV7670 の D1
i_indata[2]	I	W15		OV7670 の D2
i_indata[3]	I	Y14		OV7670 の D3
i_indata[4]	I	T11		OV7670 の D4
i_indata[5]	I	T12		OV7670 の D5
i_indata[6]	I	T10		OV7670 の D6
i_indata[7]	I	U12		OV7670 の D7
vsync	O	R19	モニタ用垂直同期信号出力	VGA 端子
hsync	O	P19	モニタ用水平同期信号出力	
da_r[0]	O	L20	赤色データ 0	
da_r[1]	O	J20	赤色データ 1	
da_r[2]	O	G20	赤色データ 3	
da_r[3]	O	F19	赤色データ 4	
da_g[0]	O	L19	緑色データ 0	
da_g[1]	O	J19	緑色データ 1	
da_g[2]	O	H20	緑色データ 3	
da_g[3]	O	F20	緑色データ 4	
da_b[0]	O	M20	青色データ 0	
da_b[1]	O	K19	青色データ 1	
da_b[2]	O	J18	青色データ 3	
da_b[3]	O	G19	青色データ 4	

8.2 各ブロックの動作

画像入力

入力画像データはカメラ・モジュールの出力データまたは内部のダミー・カメラで生成した画像データです．カメラ・モジュールは OmniVision Technologies 社製 OV7670 を搭載した CAMERA30W-OV7670 (aitendo) 使用しました（**写真 8-2**）．

カメラの設定は I^2C と互換性のある SCCB (Serial Camera Control Bus) で設定します．カメラの初期設定は電源投入後に i2c_ov7670_ctrl が自動で実行します．ダミー・カメラはカメラ・モジュールなしで動作確認するために用意した回路で，OV7670 と同じフォーマットの信号を生成します．

写真 8-2　CAMERA30W-OV7670

画像データの取り出し

camera_if では，カメラ・モジュールのデータ（1 ピクセル 8bit×2）から 1 ピクセル 12bit のデータに変換します．次に，入力された 640×480 の画像データの中央部分の 320×240 を次段の line_buf_in_tx へ転送します．

送信ライン・バッファ

line_buf_in_tx ではデータをブロック RAM 上に蓄えて，1 ライン分のデータがそろったところで画像のライン番号とデータを含んだ通信フレームを作成します．

ここでのデータ出力フォーマットは，ザイリンクスのイーサネット・コントローラ IP TEMAC (Tri-Mode Ethernet Media Access Controller) に合わせてあります．

送信用メモリ・インターフェース

mem_if_tx は送信フレームを PS 部の AXI マスタ・ユーザ IP へ渡すためのハンドシェイクとデータを転送します．制御設定および転送先のアドレスは，mem_sys 内の設定用 IP (line_buf_ctrl_0) から指定されます．

AXI マスタ・ユーザ IP

myip_mem_if はユーザ IP として作成した AXI マスタ機能を持った IP です．それぞれの経路に読み出し，または書き込み用として mem_sys 内に設置してあります．

DDR3 SDRAM の領域にアクセスすることで，PS 部のメモリ・コントローラを介して ZYBO 上の DDR3 SDRAM へ書き込みと読み出しが可能です．

受信用メモリ・インターフェース

mem_if_rx では受信用 AXI マスタ・ユーザ IP から受信データを読み出します．読み出した通信フレームのデータを line_buf_in_rx へ渡します．制御設定および転送元のアドレスは mem_sys 内の設定用 IP (line_buf_ctrl_1) から指定されます．

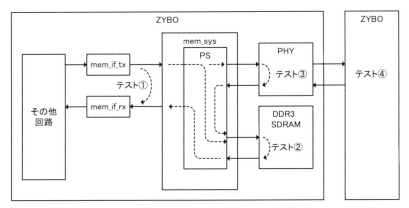

図 8-3 テストの順序

受信ライン・バッファ

line_buf_in_rx は受信した通信フレームから画像のライン番号とデータを取り出し，AXI マスタ・インターフェースを介して画像保存領域へ書き込みます．pl_gem_mode 信号（表 8-2 参照）が 0 の場合は line_buf_in_tx から通信フレームを受け取り PL 部での折り返しテストを実行できます．

画像表示回路

vram_ctrl ではモニタ出力のタイミング用カウンタに従って，同期信号（VSYNC，HSYNC）を生成します．

ラインの先頭で 1 ライン分の画像データを DDR3 SDRAM の画像データ領域から読み出して内部ブロック RAM へ保存，画像の出力タイミングでブロック RAM にある画像データを出力します．

出力画像サイズは 800×600 です．画像データ領域から読み出した 320×240 の画像の縦横をそれぞれ 2 倍して 640×480 にして中央部分に表示します．

8.3 動作確認の進め方と設計データの書き込み

画像転送装置のプログラム作成と動作確認は以下の四つの段階に分けて実行します．
1. PL 部での折り返しテスト
2. PS 部でのメモリ・アクセスによる折り返しテスト
3. PHY での折り返しテスト
4. 2 台の ZYBO を使った通信テスト

装置のユーザ回路側からイーサネット側へ向かって，通信を折り返して動作確認を進めていきます（図 8-3）．段階的にテストをすることで，動作不良の部分の特定に役立ちます．

設計データの準備と書き込み

設計データ・アーカイブ・ファイル lab_data.zip が付属 CD-ROM に収録されています．

lab_data.zip を解凍したデータに含まれるプロジェクト・ファイル lab_pj/lab_pj.xpr を Vivado 2015.3 で読み込み Bit ファイルを作成します．

テスト内容とプログラムの作成

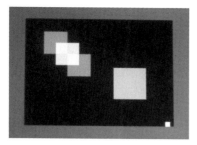 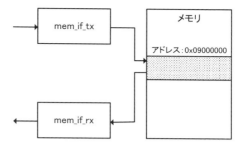

写真8-3 ダミー・カメラの画像表示　　　　図8-4 メモリ・アクセスによる折り返しテスト

✓　プロセッサ起動用プログラムの作成

プロセッサが起動しないとPL部へクロックが供給されないので，Bitファイル作成後，ひな型のHello World 表示の SDK プロジェクトを prog01 などとして作成し実行します．なお，「Export Hardware」では「Include bitstrem」を忘れずにチェックします（第1部第2章，**図2-12**参照）．

8.4　テスト内容とプログラムの作成

個別のテスト内容と使用したプログラムを説明していきます．

PL部での折り返しテスト

PL部での折り返しテストは，ZYBOのスライド・スイッチを，SW3=ON（ダミー・カメラ選択），SW2=OFF（ページ切り替えなし），SW1=OFF（送信停止），SW0=OFF（PL部接続）に設定します．モニタに**写真8-3**の画像が表示されれば正常動作です．

これで，mem_if_tx，mem_if_rx，mem_sys 以外の PL 部の回路が正常動作していることが確認できました．

PS部でのメモリ・アクセスによる折り返しテスト

このテストは，PL部からのメモリ・アクセスの動作確認です．

mem_if_tx の書き込みアドレスと mem_if_rx の読み出しアドレスを同じにして，メモリでデータを折り返しています（**図8-4**）．

mem_if_tx, mem_if_rx の設定制御は，myip_line_buf_ctrl_0, myip_line_buf_ctrl_1 を使用します．**表8-3**は myip_line_buf_ctrl_0, myip_line_buf_ctrl_1 のレジスタ一覧です．**リスト8-1**がプログラムです．

プログラムの処理内容は以下になります．

①　メモリ・アドレスや制御レジスタをマクロ定義
②　mem_if_tx および mem_if_rx がアクセスするベース・アドレスを設定
③　mem_if_tx からの送信リクエストを待つ．mem_if_tx は送信フレームの準備ができると送信リクエストを送る
④　送信リクエストがあった場合は mem_if_tx へメモリ転送を指示する
⑤　転送が完了したら mem_if_rx へ読み出しを指示する
⑥　読み出し完了待ち

③へ戻り，処理を繰り返す

第2部 ベア・メタル編／第8章 GbEで画像転送－ハード&ソフトの作成

表8-3 myip_line_buf_ctrl_0, 1のレジスタ一覧（wr：書き込み読み出し可能，ro：読み出し専用）

ブロック名	レジスタ名	アドレス	ビット	w/r	機能
myip_line_buf_ctrl_0	ctrl_in	0x43c00000	0	ro	mem_if_txからの送信リクエスト時に1になる
			1	ro	mem_if_txでデータ転送中に1になる
			2	ro	外部端子による送信イネーブル．1で送信可能
			3	ro	未使用
	ctrl_out	0x43c00004	0	wr	mem_if_txへの送信リクエストのアクノリッジ
			1	wr	mem_if_txのイネーブル設定．1でイネーブル
			2	wr	ソフトウェア側からのビジー通知
			3	wr	未使用
	base_adr	0x43c00008	31～0	wr	mem_if_txの転送先のベース・アドレス
myip_line_buf_ctrl_1	ctrl_in	0x43c10000	0	ro	mem_if_rxへの受信リクエストに対するアクノリッジ通知
			1	ro	mem_if_txでデータ転送中に1になる
			2	ro	未使用
			3	ro	未使用
	ctrl_out	0x43c10004	0	wr	mem_if_rxへの受信リクエスト
			1	wr	mem_if_rxのイネーブル設定．1でイネーブル
			2	wr	ソフトウェア側からのビジー通知
			3	wr	未使用
	base_adr	0x43C10008	31～0	wr	mem_if_rxの転送元のベース・アドレス

✓　**プログラムの作成と実行手順**

　SDKで新規にHello World表示プロジェクトを作ります．helloworld.cの内容を**リスト8-1**に変更してビルドします．

　プログラム実行前にZYBOのスライド・スイッチを，SW3=ON（ダミー・カメラ選択），SW2=OFF（ページ切り替えなし），SW1=ON（送信可能），SW0=ON（PS部接続）に設定します．

　mem_if_txからの書き込みmem_if_rxからの読み出しが機能していれば，ダミー・カメラの画像がモニタに表示されます．これでPL部の回路とAXI経由のメモリ・アクセスは正常動作しています．

PHYでの折り返しテスト

　PS部のGEMはプロセッサからコントロールするので，PHYとの通信には制御プログラムが必要です．前章のGEMループバック・テストのプログラムを変更して作成します．制御プログラムの動作は**図8-5**になります．GEMの制御レジスタは0xe000b000~0xe000b29fにあります．

　mem_if_txは送信フレームをGEM用送信バッファへ書き込み，GEMは送信ディスクリプタで指定した番地のGEM用送信バッファの内容を送信し，送信ディスクリプタの使用済みビットを1にします．

　GEMがフレームを受信すると受信ディスクリプタの指定した番地のGEM用受信バッファへ受信フレームが自動的に書き込まれ，受信ディスクリプタの使用済みビットが1になります．

　mem_if_rxはGEM用受信バッファからデータを読み出して，line_buf_in_rxを経由で画像データ領域に書き込みます．

テスト内容とプログラムの作成

リスト 8-1　メモリ・アクセスによる折り返しテスト・プログラム　helloworld_gem.c

```c
#include <stdio.h>
#include "platform.h"
#include "xil_types.h"

//mip_line_buf_ctrl のベース・アドレスの定義    ①
#define CTRL_TX_BASE_ADR 0x43c00000
#define CTRL_RX_BASE_ADR 0x43c10000

//レジスタのオフセット定義
#define CTRL_I_REG_OFFSET 0x0
#define CTRL_O_REG_OFFSET 0x4
#define ADR_REG_OFFSET 0x8

//レジスタ・アクセス用ポインタの定義
#define CTRL_TX_I_PTR (*(volatile u32 *) (CTRL_TX_BASE_ADR + CTRL_I_REG_OFFSET))
#define CTRL_TX_O_PTR (*(volatile u32 *) (CTRL_TX_BASE_ADR + CTRL_O_REG_OFFSET))
#define CTRL_TX_ADR_PTR (*(volatile u32 *) (CTRL_TX_BASE_ADR + ADR_REG_OFFSET))
#define CTRL_RX_I_PTR (*(volatile u32 *)  (CTRL_RX_BASE_ADR + CTRL_I_REG_OFFSET))
#define CTRL_RX_O_PTR (*(volatile u32 *)  (CTRL_RX_BASE_ADR + CTRL_O_REG_OFFSET))
#define CTRL_RX_ADR_PTR (*(volatile u32 *)(CTRL_RX_BASE_ADR + ADR_REG_OFFSET))

void print(char *str);

int main()
{
  init_platform();
  print("ZYBO test_1 \n\r");

  //mem_if_tx の書き込み先頭アドレス指定    ②
  CTRL_TX_ADR_PTR = 0x09000000;

  //mem_if_rx の読み出し先頭アドレス指定
  CTRL_RX_ADR_PTR = 0x09000000;

  //mem_if_tx をイネーブル
  CTRL_RX_O_PTR = 0x2;

  //mem_if_rx をイネーブル
  CTRL_TX_O_PTR = 0x2;

  while(1){

    //mem_if_tx からの送信リクエスト待ち    ③
    while(( CTRL_TX_I_PTR & 0x1)==0x0);

    //mem_if_tx へアクノリッジを発行・書き込み開始    ④
    CTRL_TX_O_PTR = 0x3;
    CTRL_TX_O_PTR = 0x2;

    //mem_if_tx の書き込み完了待ち
    while(( CTRL_TX_I_PTR & 0x2)==0x2);

    ///mem_if_rx へ読み出しリクエスト    ⑤
    CTRL_RX_O_PTR = 0x3;

    ///mem_if_rx からのアクノリッジ待ち
    while(( CTRL_RX_I_PTR & 0x1)==0x0);
    CTRL_RX_O_PTR = 0x2;

    //mem_if_rx の読み出し完了待ち    ⑥
    while(( CTRL_RX_I_PTR & 0x4)==0x4);
  }

  cleanup_platform();
  return 0;
}
```

リスト 8-3（章末に掲載）が変更したプログラムの一部です．処理内容は以下になります．

- 初期設定
① 送信バッファのベース・アドレス設定
② 受信バッファのベース・アドレス設定
- 送信手順
③ 送信データの確認，ない場合は受信処理へ
④ 送信バッファにメモリ書き込み許可
⑤ 送信ディスクリプタを設定
⑥ 送信指示
- 受信手順
⑦ 受信ディスクリプタで受信データの有無を確認，ない場合は送信処理へ
⑧ 受信バッファに読み出しリクエスト
⑨ 受信ディスクリプタの受信済みビットを消去
⑩ 受信ディスクプリタの更新
③へ戻り，この処理を繰り返す

111

第2部 ベア・メタル編／第8章 GbEで画像転送－ハード&ソフトの作成

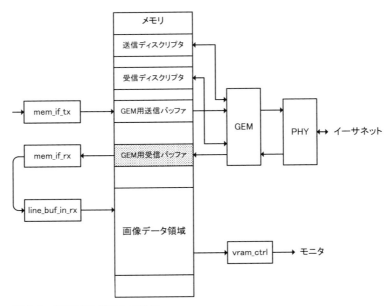

図8-5 制御プログラムの動作

　mem_if_rxが受信フレームを読み込んだあと，画像表示処理はハードウェアのみで処理されるのでプログラムからの制御はありません．

　送信ディスクリプタは32個用意されていて順番に使用されます．このプログラムではGEM用送信バッファは1個なので，32個の送信ディスクリプタの設定内容は同じになります．受信ディスクリプタも32個あり，送信と同様にバッファが1個なので設定内容は同じになります．

　バッファが1個なので，複数のディスクリプタを持つ必要はありませんが，今後の機能拡張に備えて元のプログラムの送信ディスクリプタ，受信ディスクリプタの構成を使っています．

✓　**プログラムの作成，実行手順**

　前章の図7-6と同様の手順でPHYループバック・テスト用のプロジェクトを作成します．xemacps_example_intr_dma.c内の関数EmacPsDmaSingleFrameIntrExampleを，リスト8-3（章末に掲載）に変更してビルドします．

　プログラム実行前にZYBOのスライド・スイッチをSW3=ON（ダミー・カメラ選択），SW2=OFF（ページ切り替えなし），SW1=ON（送信可能），SW0=ON（PS接続）に設定します．

　PS部のメモリ・アクセスが機能していれば，ダミー・カメラの画像がモニタに表示されます．これでPL部の回路とAXI経由のメモリ・アクセス，GEM，PHYは正常動作しています．

ZYBO 2台での通信テスト

　2台のZYBOを使用して通信テストしてみます．PHYでの折り返しテスト・プロジェクトのxemacps_example_util.c内のPHYでのループバック設定を，オート・ネゴシエーションに変更します．リスト8-2が変更内容です．
　①　PHYの設定レジスタへの書き込み値の変更
　②　オート・ネゴシエーションに必要な待ち時間を増やす

リスト8-2 オート・ネゴシエーション用ユーティリティ xemacps_example_util_k2.c

```
～省略
LONG EmacPsUtilEnterLoopback(XEmacPs * EmacPsInstancePtr, u32 Speed)
{
～途中省略～
  /*
   * Enable loopback
   */
  PhyReg0 &= 0x7fff; //add
  //PhyReg0 |= PHY_REG0_LOOPBACK; //phy loop back
  PhyReg0 |= 0x1000;     //auto nego          ①
  Status = XEmacPs_PhyWrite(EmacPsInstancePtr, PhyAddr, 0, PhyReg0);
  Status = XEmacPs_PhyRead(EmacPsInstancePtr, PhyAddr, 0, &PhyReg0);
  if (Status != XST_SUCCESS) {
    EmacPsUtilErrorTrap("Error setup phy loopback");
    return XST_FAILURE;
  }
  printf("PhyReg0:%x¥n",PhyReg0);
  /*
   * Delay loop
   */
  //for(i=0;i<0xfffff;i++);
  //for(i=0;i<0xfffff;i++);       //delay loop back
  for(i=0;i<0xffffffff;i++);      //delay auto nego   ②
  /* FIXME: Sleep doesn't seem to work */
  //sleep(1);
  XEmacPs_PhyRead(EmacPsInstancePtr, PhyAddr, 1, &PhyReg1);
  printf("PhyReg1:%x¥n",PhyReg1);
  return XST_SUCCESS;
}
～以降省略～
```

ビルドを実行して起動用 BOOT.bin ファイルを作成します（第1部第4章参照）．microSD カードに BOOT.bin を書き込んだ起動用 microSD カードを2枚作り，2台の ZYBO に装着します．テスト環境は**写真8-4**のように ZYBO 2台とカメラ・モジュールとモニタを接続します．電源を投入前に ZYBO のスライド・スイッチを SW3=ON（ダミー・カメラ選択），SW2=OFF（ページ切り替えなし），SW1=ON（送信可能），SW0=ON（PS部接続）に設定します．

ZYBO が起動し通信が開始してモニタに画像表示されたら正常動作です．イーサネット・ケーブルを抜いてモニタ画像が停止することで，ZYBO間の通信で画像表示していることが確認できます．

カメラ・モジュールを接続して SW3=OFF（カメラ・モジュール選択）にします．通信相手の ZY3O に接続したモニタにカメラ・モジュールからの映像が表示されれば正常動作です（**写真8-1**参照）．

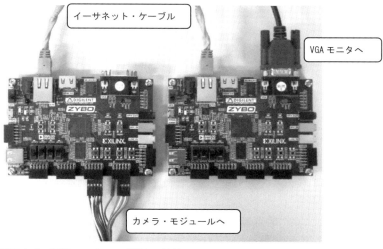

写真8-4　通信テストでのZYBOの接続

第2部 ベア・メタル編／第8章 GbE で画像転送－ハード&ソフトの作成

リスト 8-3　通信プログラム xemacps_example_intr_dma.c

```
#define FIRST_FRAGMENT_SIZE 64
//video
#define CTRL_TX_BASE_ADR 0x43c00000 //追加
#define CTRL_RX_BASE_ADR 0x43c10000 //追加
#define CTRL_I_REG_OFFSET 0x0 //追加
#define CTRL_O_REG_OFFSET 0x4 //追加
#define ADR_REG_OFFSET 0x8   //追加
#define CTRL_TX_I_PTR (*(volatile u32 *) (CTRL_TX_BASE_ADR + CTRL_I_REG_OFFSET))  //追加
#define CTRL_TX_O_PTR (*(volatile u32 *) (CTRL_TX_BASE_ADR + CTRL_O_REG_OFFSET))  //追加
#define CTRL_TX_ADR_PTR (*(volatile u32 *) (CTRL_TX_BASE_ADR + ADR_REG_OFFSET))   //追加
#define CTRL_RX_I_PTR (*(volatile u32 *)  (CTRL_RX_BASE_ADR + CTRL_I_REG_OFFSET)) //追加
#define CTRL_RX_O_PTR (*(volatile u32 *) (CTRL_RX_BASE_ADR + CTRL_O_REG_OFFSET)) //追加
#define CTRL_RX_ADR_PTR (*(volatile u32 *) (CTRL_RX_BASE_ADR + ADR_REG_OFFSET))
//
/*
 * Counters to be incremented by callbacks
 */
volatile s32 FramesRx;          /* Frames have been received */
volatile s32 FramesTx;          /* Frames have been sent */
volatile s32 FramesRx_sv;       /* Frames have been received old*/ //追加
volatile s32 FramesTx_sv;       /* Frames have been sent old*/ //追加
--途中余白--

LONG EmacPsDmaSingleFrameIntrExample(XEmacPs *EmacPsInstancePtr)
{
  LONG Status;
  //u32 PayloadSize = 1000;
  u32 PayloadSize = 520; //サイズ変更
  u32 NumRxBuf = 0;
  //u32 RxFrLen;
  XEmacPs_Bd *Bd1Ptr;
  XEmacPs_Bd *BdRxPtr;
  XEmacPs_Bd *BdRxPtr_last;
  int lp; //add
  /*
   * Clear variables shared with callbacks
   */
  FramesRx = 0;
  FramesTx = 0;
  FramesRx_sv = 0; //Add
  FramesTx_sv = 0; //cq
  DeviceErrors = 0;

  if (GemVersion > 2) {
    PayloadSize = (7168-14);
  }
  /*
   * Calculate the frame length (not including FCS)
   */
  TxFrameLength = XEMACPS_HDR_SIZE + PayloadSize;
  /*
   * Setup packet to be transmitted
   */
  EmacPsUtilFrameHdrFormatMAC(&TxFrame, EmacPsMAC);
  EmacPsUtilFrameHdrFormatType(&TxFrame, PayloadSize);
  EmacPsUtilFrameSetPayloadData(&TxFrame, PayloadSize);

  Xil_DCacheFlushRange((UINTPTR)&TxFrame, sizeof(EthernetFrame));
  /*
   * Clear out receive packet memory area
   */
  EmacPsUtilFrameMemClear(&RxFrame);

  Xil_DCacheFlushRange((UINTPTR)&RxFrame, sizeof(EthernetFrame));
  Xil_DCacheDisable();
  //mem_if_tx の書き込み先頭アドレスに送信バッファの
  //アドレスを設定                                    ①
  CTRL_TX_ADR_PTR = &TxFrame;
  //mem_if_rx の読み出し先頭アドレスに受信バッファの
  //アドレスを設定                                    ②
  CTRL_RX_ADR_PTR = &RxFrame;
  //受信ディスクリプタのアドレス設定
  BdRxPtr = RX_BD_LIST_START_ADDRESS;
  //受信キュー・ポインタの設定
  XEmacPs_SetQueuePtr(EmacPsInstancePtr,BdRxPtr, 0, XEMACPS_RECV);
  //受信ディスクリプタへ受信バッファのアドレスを設定
  for(lp=0;lp<32;lp++) {
    XEmacPs_BdSetAddressRx(BdRxPtr+lp, (UINTPTR)&RxFrame);
  }
```

```
  //最終受信ディスクリプタの算出
  BdRxPtr_last = BdRxPtr + 31;
  //mem_if_tx をイネーブル
  CTRL_TX_O_PTR = 0x2;
  //mem_if_rx をイネーブル
  CTRL_RX_O_PTR = 0x2;
  //XEmacPs_Start(EmacPsInstancePtr);
  XEmacPs_Start(EmacPsInstancePtr);
  while(1) {
  //mem_if_tx からの転送リクエストの確認    ③
  if(( CTRL_TX_I_PTR & 0x5)==0x5) {//waite req && tx_modde
    CTRL_TX_O_PTR = 0x3;    //アクノリッジ　送信許可    ④
    CTRL_TX_O_PTR = 0x2;
    while(( CTRL_TX_I_PTR & 0x2)==0x2);  //waite tx_end
  //送信ディスクリプタのアロケーション
  //Bd1Ptr はインクリメントされる    ⑤
  Status = XEmacPs_BdRingAlloc(
        &(XEmacPs_GetTxRing(EmacPsInstancePtr)),
        1, &Bd1Ptr);
    if (Status != XST_SUCCESS) {
      EmacPsUtilErrorTrap("Error allocating TxBD");
      return XST_FAILURE;
    }
  //送信ベースアドレス更新
  EmacPsInstancePtr->TxBdRing.BaseBdAddr = Bd1Ptr;
  // 送信ディスクプリタの設定
  XEmacPs_BdSetAddressTx(Bd1Ptr, (UINTPTR)&TxFrame);
  XEmacPs_BdSetLength(Bd1Ptr, TxFrameLength);
  XEmacPs_BdClearTxUsed(Bd1Ptr);
  XEmacPs_BdSetLast(Bd1Ptr);
```

114

テスト内容とプログラムの作成

リスト 8-3 通信プログラム xemacps_example_intr_dma.c（つづき）

```
        //エンキュー 送信ディスクリプタにアドレスをセット
        Status = XEmacPs_BdRingToHw(&(XEmacPs_GetTxRing(EmacPsInstancePtr)), 1, Bd1Ptr);
        if (Status != XST_SUCCESS) {
            EmacPsUtilErrorTrap("Error committing TxBD to HW");
            return XST_FAILURE;
        }
        /*
         * Set the Queue pointers
         */
        if (GemVersion > 2) {
            XEmacPs_SetQueuePtr(EmacPsInstancePtr, EmacPsInstancePtr->TxBdRing.BaseBdAddr, 1, XEMACPS_SEND);
        }else {
            XEmacPs_SetQueuePtr(EmacPsInstancePtr, Bd1Ptr, 0, XEMACPS_SEND);
        }
        //GEM をスタート
        XEmacPs_Start(EmacPsInstancePtr);
        //送信  ⑥
        XEmacPs_Transmit(EmacPsInstancePtr);
        //送信終了待ち
        while (FramesTx==FramesTx_sv);
        FramesTx_sv = FramesTx;

        if (XEmacPs_BdRingFromHwTx(&(XEmacPs_GetTxRing(EmacPsInstancePtr)), 1, &Bd1Ptr) == 0) {
            EmacPsUtilErrorTrap("TxBDs were not ready for post processing");
            return XST_FAILURE;
        }
        /*
         * Examine the TxBDs.
         *
         * There isn't much to do. The only thing to check would be DMA
         * exception bits. But this would also be caught in the error
         * handler. So we just return these BDs to the free list.
         */
        Status = XEmacPs_BdRingFree(&(XEmacPs_GetTxRing(EmacPsInstancePtr)), 1, Bd1Ptr);
        if (Status != XST_SUCCESS) {
            EmacPsUtilErrorTrap("Error freeing up TxBDs");
            return XST_FAILURE;
        }
    }//送信処理終了
    //--------------------------------------------------------------------------
    //受信処理
    //受信ディスクリプタの受信済みビットを確認   ⑦
    if(XEmacPs_BdRead((BdRxPtr), XEMACPS_BD_ADDR_OFFSET) & XEMACPS_RXBUF_NEW_MASK){
        //受信データ転送
        while(( CTRL_RX_I_PTR & 0x2)==0x2);//waite rx_end check
        CTRL_RX_O_PTR = 0x3;   //読み出しリクエスト   ⑧
        while(( CTRL_RX_I_PTR & 0x1)==0x0);  //アクノリッジ
        CTRL_RX_O_PTR = 0x2;
        /*
         * Return the RxBD back to the channel for later allocation. Free
         * the exact number we just post processed.
         */
        Status = XEmacPs_BdRingFree(&(XEmacPs_GetRxRing(EmacPsInstancePtr)),NumRxBuf, BdRxPtr);
        if (Status != XST_SUCCESS) {
            EmacPsUtilErrorTrap("Error freeing up RxBDs");
            return XST_FAILURE;
        }
        //受信ディスクリプタの受信済みビットを消去   ⑨
        XEmacPs_BdWrite((BdRxPtr), XEMACPS_BD_ADDR_OFFSET, XEmacPs_BdRead((BdRxPtr),
                        XEMACPS_BD_ADDR_OFFSET) & ~XEMACPS_RXBUF_NEW_MASK);//cq
        Xil_DCacheFlushRange((UINTPTR)BdRxPtr, 64);
        //次の受信ディスクリプタ   ⑩
        if(BdRxPtr==BdRxPtr_last)
            BdRxPtr=RX_BD_LIST_START_ADDRESS;
        else
            BdRxPtr++;
        XEmacPs_BdSetAddressRx(BdRxPtr, (UINTPTR)&RxFrame);
        //set Rx Queue pointers
        XEmacPs_SetQueuePtr(EmacPsInstancePtr,BdRxPtr, 0, XEMACPS_RECV);
    }//受信処理終了
}
XEmacPs_Stop(EmacPsInstancePtr);
//for(lp_d=0;lp_d<100000;lp_d++);
return XST_SUCCESS;
}
```

115

第3部 Linux 編

第1章　ZYBOにLinuxを載せて使ってみる－OSからFPGAのロジックを制御！

●本章で使用するVivado
Vivado WebPACK 2014.1

1.1　LinuxからLED点灯…ありきたりに見えるがその本質は全然違う

　写真1-1(a)では，ZYBOに載せたLinux上でターミナルを開き，Cプログラムを書いています．それをコンパイルして実行すると，写真1-1(b)のようにLEDを光らせたり，スイッチの状態を見たりすることができます．

✓　YouTubeでZYBO + Linuxなどで検索してみよう！
　写真1-1の様子は以下のサイトで確認できます．

　　https://www.youtube.com/watch?v=PdiJ-OeOb8E

　動画のタイトルは「ZYBO with Xillinux controls logics」です．
✓　OSがプログラマブル・ロジックを制御している
　動画を見る限り，「LinuxからI/Oしているだけじゃないか」と思うかもしれませんが，その本質は普通のSoCとは異なります．これはSoC FPGAなのです[1]．

(a) C言語を書いてコンパイルして実行

(b) LEDをON/OFFしたりスイッチの状態を見たりする

写真1-1　LinuxからFPGA内部ロジックを制御する

---

[1] 「SoC」という言葉の定義には諸説あるが，本書では「Linuxを搭載できるデバイス」と定義する．そしてBeagleBone Black（Beagleboard.org製）やRaspberry Pi（ラズベリーパイ財団製）などを「普通のSoC」と位置付け，ZYBO（Digilent製）やHelio（アルティマ製）などはプログラマブル・ロジックを持つことから「SoC FPGA」と位置付ける．

プログラマブル・ロジックを持つ SoC FPGA の利点を実感しよう

　Digilent 社の ZYBO にはザイリンクスの「Zynq」が搭載されています．ここでは ZYBO に "Xillinux"[2]という OS をインストールします．

✓ **デバイス・ドライバの先に LED やスイッチが繋がっているイメージ**

　図 1-1(a) は Linux からデバイス・ドライバを介して LED やスイッチにアクセスするイメージです．C 言語アプリケーションは，open 関数でデバイス・ドライバ（xillybus_mem_8）を開き，lseek 関数でアドレスを設定し，allwrite 関数でデータを書くことにより LED を光らせます．また，allread 関数によってスイッチの状態を読み出します．

✓ **RAM の読み書きをスイッチ/LED の読み書きに置き換える**

　図 1-1 下は HDL（ハードウェア記述言語）部分の詳細です．本来（Xillinux 用 FPGA コンフィグレーションのデフォルト）は，図 1-1(b) のようにメモリ（FPGA 内部 RAM）が繋がっていますが，それを図 1-1(c) のように変更して LED やスイッチを操作します．

✓ **デバイス・ドライバの先の「デバイス」を変更できる SoC FPGA**

　このように，ユーザはデバイス・ドライバの先の回路を変更し，FPGA 内にいろいろな機能を仕込んでおくことができます．すなわち，デバイス・ドライバを新規作成することなく，全く別のハード

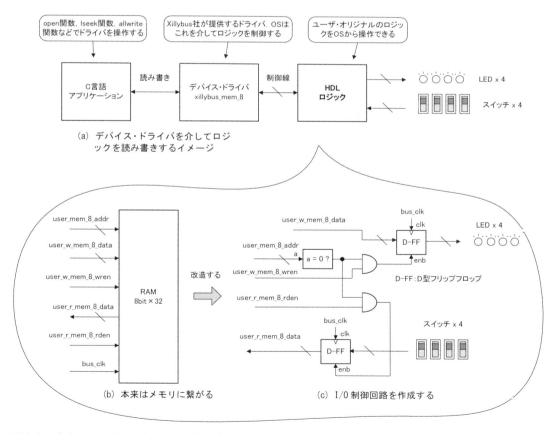

図 1-1　デバイス・ドライバの先は自作ロジック

---
[2] Xillybus 社が ZYBO 用に無償で提供する Linux の一種．その字面からザイリンクス専用の Linux かと思われがちだがそうではない．その証拠にアルテラの Cyclone V SoC 用の Xillinux もリリースされている．

ウェアを制御することができるのです．

1.2　ZYBO で Linux を走らせる手順

　ZYBO 上で Linux を走らせるには，まずブートローダや Linux カーネル，Linux ファイル・システム，FPGA コンフィグレーション・データなどを書き込んだ「microSD カード」を作成する必要があります．

✓　**Linux の microSD カードを作るには Linux の PC が必要**

　microSD カード作成のために，別途 PC を準備します．ただし ZYBO の OS は Linux なので，その PC の OS も Linux である必要があります（図 1-2）．著者は Linux 用の SSD に Ubuntu 14.10 を載せ，Windows 用のハードディスクとデュアル・ブートにしています．Ubuntu は Linux ディストリビューションの一つであり，無償で使うことができます．

ザイリンクスのサイトで開発ツールをゲットしてインストール

　以前は ISE Project Navigator，PlanAhead，Xilinx Platform Studio，iMPACT など，ザイリンクスの開発ツールは種類が多くて分かりにくかったのですが，最近は Vivado に統一されつつあり，だいぶすっきりしてきました．また，Xilinx Platform Studio と比べると Vivado は論理合成や配置配線が速くなった気がします．

✓　**無償/無期限で使える Vivado WebPACK**

　Zynq の開発には以下の 2 通りが考えられます．
1.　PlanAhead + Xilinx Platform Studio + Xilinx SDK
2.　Vivado + Xilinx SDK

　無償/無期限で使えるツールで開発を進めたいと思いますが，1 では Xilinx Platform Studio が有償

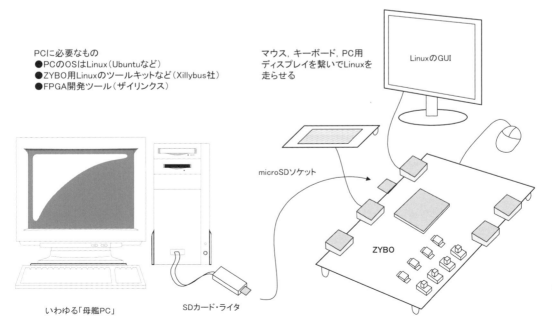

図 1-2　ZYBO で Linux を動かすには Linux PC が必要

になってしまうので却下し，2を採用することにします．

第3部第5章までのバージョンはVivado WebPACK 2014.1です．最新版ではないことに注意してください．このバージョン以外ではXillinux用のFPGAコンフィグレーション・データが生成できないからです（執筆当時）．

✓ **インストールするにはライセンスが必要**

VivadoやXilinx SDK（以下SDK）などの開発ツールはWindows上にインストールして使用してもよいですが，Linux版もあるのでそちらをインストールする方が便利かもしれません．ザイリンクスのサイトからダウンロードし，インストールします．

Vivadoの1回目のスタート時には自動的にブラウザが開き[3]，ライセンス発行サイトに導かれると思います．そこでライセンス・ファイルを発行してもらい，ライセンス・マネージャでロードします．これでVivadoとSDKが使用できるようになります（ここではSDKは使用しない）．

VivadoでBitストリームを生成する

XillinuxはLinuxの一種ですが，カーネル，ブートローダ，ファイル・システムをmicroSDカードにロードするだけでは動きません．ハードウェア（ARM Cortex-A9を中心にしたFPGA内部回路）の情報（Bitストリーム）もコピーして初めて動きます．

✓ **Xillybus社のサイトからXillinuxツールキットをダウンロード**

付属CD-ROMに，ZYBO用のツールキット（xillinux-eval-zybo-1.3b.zip）があるので，展開して適当なディレクトリにコピーします．このとき，ディレクトリ名にスペースや日本語を含まないようにします．また，同ファイルは，

    http://xillybus.com/xillinux

からダウンロードすることもできます．

✓ **ツールキットにVivadoプロジェクト生成用スクリプトがある**

Vivadoをスタートしたら，「Tools」→「Run Tcl Script」を選択し，ツールキットのディレクト

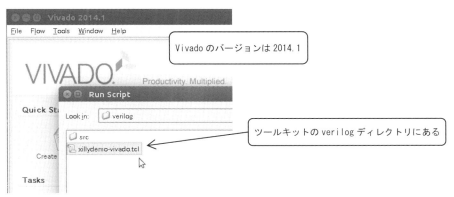

図1-3 VivadoからTclスクリプトを実行する

---

[3] Ubuntuの64bit版ではブラウザ（Firefox）が自動的に開かない場合がある．その際は以下を実行する．
    cd ~/Xilinx/Vivado/2014.1/lib/lnx64.o
    mv libstdc++.so.6 libstdc++.so.6.bak
    ln -s /usr/lib/x86_64-linux-gnu/libstdc++.so.6
この後再トライし，ライセンスの発行に成功したら元に戻す．

リの下，verilog フォルダにある xillydemo-vivado.tcl を選択します（図 1-3）．このとき，前述のように Vivado のバージョンは 2014.1 である必要があります．それ以外のバージョンではエラーが出ると思います（執筆当時）．Tcl Console に"Project created: xillydemo"と出たら成功です．

✓ **Tcl スクリプトを実行すると回路が生成される**

ここで左のウィンドウにある「Open Block Design」をクリックしてみます．図 1-4 のように ARM Cortex-A9 を中心にしたブロック図が現れます．そこで「ZYNQ」ブロックをダブルクリックすると，図 1-5 のように PS 部（Processing System）の構成が分かります．

✓ **Bit ストリームを生成する**

回路は変更せずにそのまま「Generate Bitstream」をクリックします．このとき，Synthesis と Implementation を launch...のダイアログが現れたら［Yes］をクリックします．

Bit ストリームの生成に成功すると，図 1-6 のようなダイアログが現れるので［Cancel］をクリックします．ここで，verilog/vivado/xillydemo.runs/impl_1 ディレクトリに xillydemo.bit ファイル（Bit ストリーム）が生成されているのを確認します．

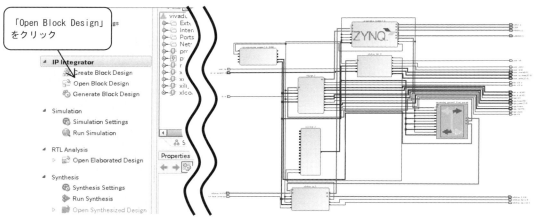

図 1-4　ブロック・デザインを開く

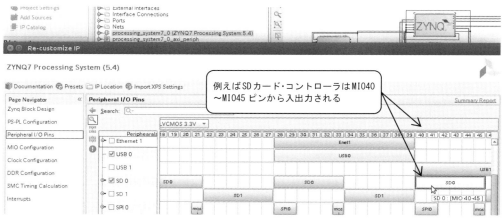

図 1-5　PS 部の構成を見てみる

ZYBO で Linux を走らせる手順

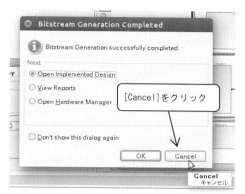

図 1-6 Bitstream 成功時に現れるダイアログ

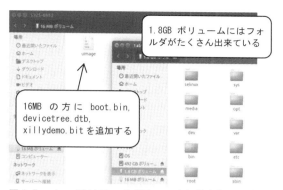

図 1-7 microSD は二つのボリュームに分かれている

microSD カードにイメージをロードする

ZYBO ブート用 microSD カードの容量は，出来れば 4GByte 以上のものを用意してください（こ
こでは 2GByte で間に合うが，今後のためである）．なお ZYBO 上のソケットを見れば分かるよう
に，サイズは "SD" ではなく "microSD" です．

✓ Xillinux カーネル・イメージのダウンロード

付属 CD-ROM に，カーネル・イメージ（xillinux-1.3.img.gz）があります．また，同ファイルは，

http://xillybus.com/xillinux

からダウンロードすることもできます．

✓ カーネル・イメージを microSD カードにロード

xillinux.img.gz を解凍して microSD カードにロードします．

```
gunzip xillinux-1.3.img.gz
sudo dd if=xillinux-1.3.img of=/dev/sdx bs=512[4]
```

ロードが終了するのに 10～20 分程度かかるかもしれません．

✓ 16MB ボリュームの方に boot.bin と devicetree.dtb をコピー

ロードが終了したら（安全に取り出せるように）ファイル・エクスプローラ上で右クリック→取り
出しの後，カードを抜き挿しします．PC でそれが認識され「16MB ボリューム」の方に uImage と
いうファイルが，「1.8GB ボリューム」の方にはファイル・システムが出来ていると思います（図
1-7）．

そして，PC の xillinux-eval-zybo-1.3b/bootfiles ディレクトリにある二つのファイル boct.bin（ブ
ートローダ）と devicetree.dtb（デバイス・ツリー）を microSD カードの 16MB ボリュームの方に
コピーします．

✓ FPGA 内部回路情報の入った xillydemo.bit をコピー

さらに，PC の xillinux-eval-zybo-1.3b/verilog/vivado/xillydemo.runs/impl_1 ディレクトリに生成
された Bit ストリーム xillydemo.bit を同様にコピーします．

---

[4] sdx には PC 上で microSD カードが割り当てられるデバイス名が入る．df コマンドでそれらしき名前を調べることができる．
名前を間違えるとハードディスクなどを消してしまう恐れがあるため，くれぐれも慎重に行うこと．

121

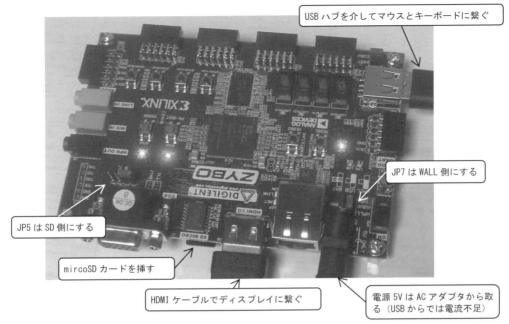

写真1-2 ZYBOをセットアップする

　結果的に16MBボリュームにはuImage，boot.bin，devicetree.dtb，xillydemo.bitの4個のファイルが存在します．これらを確認の上，ファイル・エクスプローラ上で右クリック→取り出しの後，カードを取り出します．

✓ **ZYBOにmicroSDカードを挿して電源を入れる**

　写真1-2のようにZYBOをセットアップし，JP5（VGAコネクタの隣にあるジャンパ）を「SD」側にして，microSDカードを挿して電源をONしてみます（電源はACアダプタから取ること）．

✓ **まるでPCのようなGUIが現れる**

　ディスプレイの左上にペンギン2匹が現れた後，すぐにLinuxが立ち上がり始めます．10秒程度で写真1-3のようにプロンプトが現れるので，そこで「startx」とタイプすると，次は写真1-4のようなX Windowが立ち上がります．マウスやキーボードを使って操作できることを確認します．

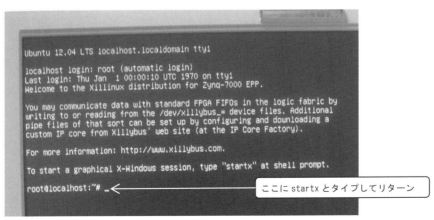

写真1-3 Linuxが立ち上がった！

OSからデバイス・ドライバを操作してデバイスにアクセスしてみる

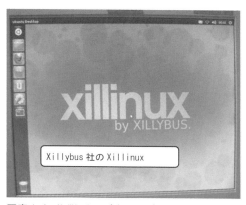

写真1-4 X Windowが立ち上がる

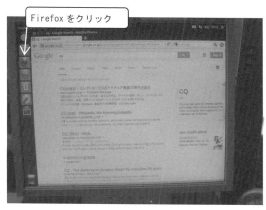

写真1-5 インターネットに繋いでみる

✓ インターネットにアクセスすることもできる

イーサネットのコネクタにイーサネット・ケーブルを繋いでFirefox Web Browserをクリックします．検索サイトが現れるので適当に検索してみます．写真1-5のように日本語でもちゃんとデコードされて表示されています（日本語入力はできない）．

次章以降はZYBOにさまざまなツールをダウンロードするので，ネットに繋がることを確認しておきます．

1.3　OSからデバイス・ドライバを操作してデバイスにアクセスしてみる

ここではC言語を使って，xillybus_mem_8というXillybus社の提供するデバイス・ドライバを操作してみます．

メモリにアクセスしてみる

X Windowでターミナルを開き，"ls"とタイプしてリターンしてみます（図1-8）．するとxillybusというディレクトリがあり，そこにはZYBOのPL部（Programmable Logic）にアクセスするサンプル・プログラムがあります．

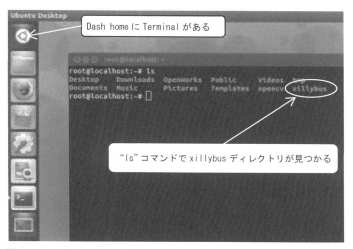

図1-8　Dash homeからターミナルを開き"ls"コマンド

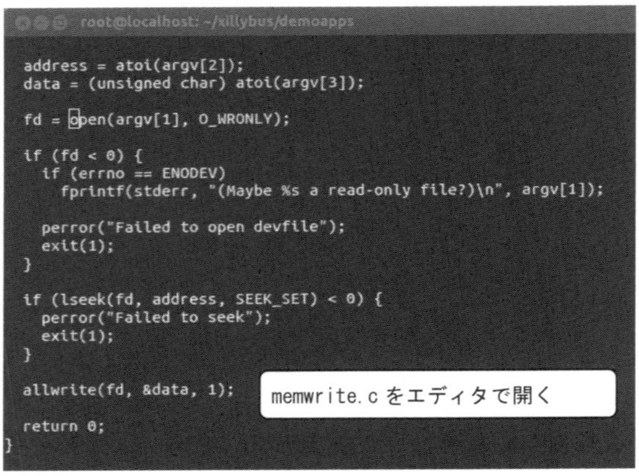

第 3 部 Linux 編／第 1 章 ZYBO に Linux を載せて使ってみる－OS から FPGA のロジックを制御！

```
address = atoi(argv[2]);
data = (unsigned char) atoi(argv[3]);

fd = open(argv[1], O_WRONLY);

if (fd < 0) {
  if (errno == ENODEV)
    fprintf(stderr, "(Maybe %s a read-only file?)\n", argv[1]);

  perror("Failed to open devfile");
  exit(1);
}

if (lseek(fd, address, SEEK_SET) < 0) {
  perror("Failed to seek");
  exit(1);
}

allwrite(fd, &data, 1);      memwrite.c をエディタで開く

return 0;
}
```

図 1-9 open 関数で開いて lseek 関数でアドレス・セット,
　　　　allwrite 関数で書く

✓　　デバイス・ドライバを操作する様子を見てみよう

　ターミナル上で, 以下のようにディレクトリを移動します.

　　cd xillybus/demoapps

　ここで ls をタイプするといくつか C 言語のファイルが見つかります. ここで memwrite.c の中身を "vi" などのエディタで見てみます.

　　vi memwrite.c

　"open" を検索すると[5] "fd" という変数にデバイス・ドライバを割り当てる open 関数が見つかります（図 1-9）. その後 "lseek" 関数でアドレスを設定し, "allwrite" 関数でそのアドレスにデータを書き込みます. vi エディタを閉じて[6], この C 言語ソースをコンパイルしてみます.

　　make

　とタイプすればすべてのソースがコンパイルされ, 実行ファイルが生成されます.

✓　　memwrite はメモリに書くプログラム

　そこで, 以下のようにタイプして実行します.

　　./memwrite /dev/xillybus_mem_8 0 9

　これにより, "xillybus_mem_8" というデバイス・ドライバが開かれ, そのデバイスのアドレス "0" にデータ "9" が書かれます.

✓　　memread はメモリから読むプログラム

　次に以下のようにタイプしてみます.

　　./memread /dev/xillybus_mem_8 0

　これにより今度はアドレス "0" からデータが読み出されます. リターンすると,

　　Read from address 0: 9

_____

[5]　"/open" とタイプしてリターンで検索できる.
[6]　vi エディタを閉じるには ":q" とタイプしてリターンだが, 英語版キーボードにおいて ":" は日本語版の "+" に配置されているため "+q" とタイプすると閉じることができる. 日本語キーボードへの対応は章末のコラム参照.

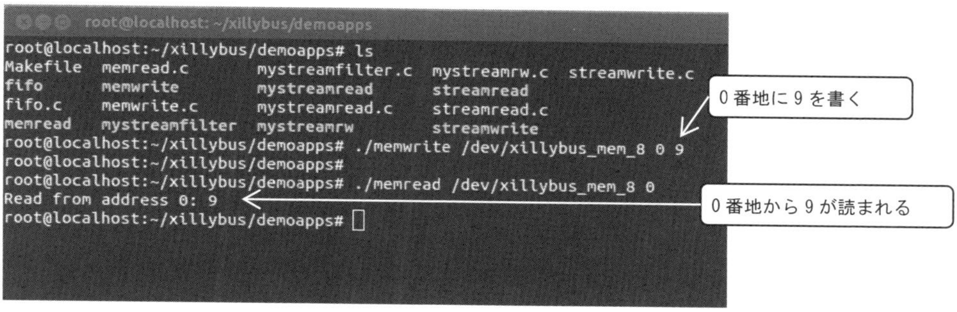

HDL を変更してデバイス・ドライバの先の回路を変える

0 番地に 9 を書く

0 番地から 9 が読まれる

図 1-10　メモリの読み書きが出来ている

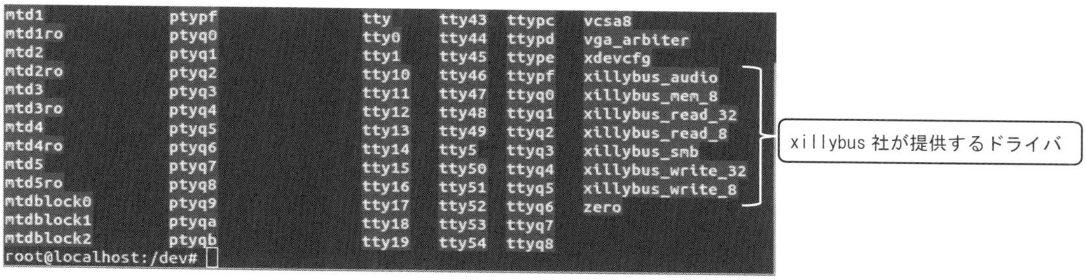

xillybus 社が提供するドライバ

図 1-11　"/dev" ディレクトリにデバイス・ドライバがある

とターミナルにリダイレクトされ，先ほど書かれたデータ "9" が読み出されています（**図 1-10**）．

✓　**アプリケーションとデバイスを繋ぐデバイス・ドライバ**

デバイス・ドライバは/dev ディレクトリにあります．以下のようにタイプして移動します．

```
cd /dev
```

このように絶対パスで指定します（頭に "/" を付ける）．その後 ls コマンドをタイプすると，Linux カーネルに含まれるデバイス・ドライバを確認できます（**図 1-11**）．Linux 上のアプリケーションは，これらデバイス・ドライバを介してデバイスを読み書きします．

✓　**まだ LED やスイッチには繋がっていない**

現状，デバイス・ドライバの先は図 1-1 (b) のように FPGA の内部 RAM に繋がっています．この後，この部分を図 1-1 (c) のように変更して LED を光らせたり，スイッチの状態を見ることにします．

✓　**いきなり microSD カードを抜いたりしないこと！**

電源を切ったり microSD カードを抜き挿しするのは X Window を終了してからです．右上のアイコンから「Shut Down...」を選択すると終了できます．完全にシャットダウンしたのを確認してから電源を OFF にしてカードを抜きます．

1.4　HDL を変更してデバイス・ドライバの先の回路を変える

LED やスイッチを操作できるように HDL を変更する

Vivado に戻ってソース・コードを見ると，8bit の RAM が見つかると思います．本節ではその RAM を削除し，かわりに LED/スイッチ・コントローラを作成します．

✓　**クロックに同期して RAM にデータを読み書きする**

xillybus_mem_8 の先には図 1-1 (b) のような制御線があり，それを通して RAM に読み書きするこ

125

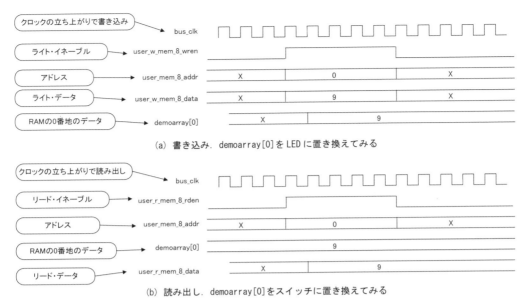

(a) 書き込み．demoarray[0]をLEDに置き換えてみる

(b) 読み出し．demoarray[0]をスイッチに置き換えてみる

図1-12　RAMの書き込み/読み出しのタイム・チャート

とができます．書き込みの際は図1-12(a)のように，user_w_mem_8_wrenを1とし，bus_clkに同期してRAMのuser_mem_8_addr番地（0）にuser_w_mem_8_data（9）が書かれます．

逆にRAMから読み出すときは図1-12(b)のように，user_r_mem_8_rdenを1とし，bus_clkに同期してRAMのuser_mem_8_addr番地（0）からuser_r_mem_8_data（9）が読み出されます．

✓ RAMのかわりにスイッチとLEDを読み書きする

ここで図1-12(a)におけるdemoarray[0]を"LED"，図1-12(b)のdemoarray[0]を"スイッチ"に置き換えてみます．そうすればLEDを光らせたり，スイッチの状態を見たりすることができます．

具体的にはuser_w_mem_8_wrenが1でuser_mem_8_addrが0のとき，user_w_mem_8_dataの値がLEDに反映されます．すなわちLEDは"1001"となり，4個のうち外側の2個が光ります．

また，user_r_mem_8_rdenが1でuser_mem_8_addrが0のとき，スイッチの状態がuser_r_mem_8_dataに反映されます．従って仮にスイッチ4個のうち外側の2個がHighならば"1001"が読み出されます．

✓ 8bitのRAMをコメントアウトする

Vivadoをスタートし，先ほどのプロジェクト（xillydemo.xpr）を開きます．「Sources」ウィンドウのxillydemoをダブルクリックするとトップ・モジュールのVerilog HDLソースを見ることができます．user_w_mem_8_dataを検索すると"A simple inferred RAM"というコメントが見つかるので，その下のRAM本体をコメントアウトします（リスト1-1）．

✓ LEDやスイッチの制御回路を追加してBitストリームの生成

リスト1-1のように「LEDを光らす回路」と「スイッチの状態を見る回路」を追加します．さらにレジスタ定義も追加します．そして，従来LEDを出力していた部分をコメントアウトします．

保存の後，「Generate Bitstream」でxillydemo.bitを生成し，microSDカードの同ファイルと置き換えます．なお，付属CD-ROMに収録のxillydemo.bitをコピーしてもかまいません．

HDLを変更してデバイス・ドライバの先の回路を変える

リスト1-1　LEDを光らしたりスイッチを見たりできるようにxillydemo.vを変更（付属CD-ROMに収録）

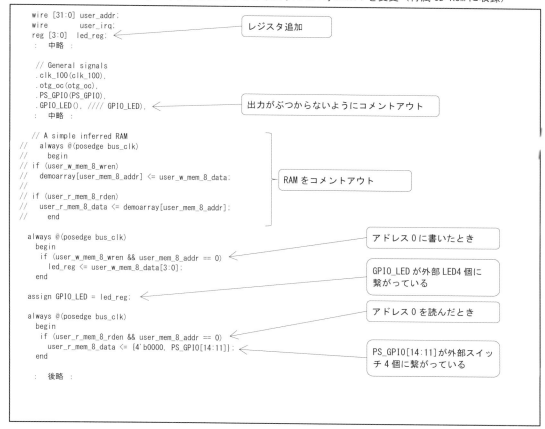

LEDを光らすように回路を変更した．それを確認しよう！

Bitストリームを置き換えたら，microSDカードをZYBOに挿して再びLinuxとX Windowを立ち上げます．

ターミナルを開き，前節と同様に，

　　./memwrite /dev/xillybus_mem_8 0 9

とタイプすると，**写真1-1(b)** のように4個のLEDのうち外側の2個が光ると思います．"9"のかわりに"6"とすると今度は内側の2個が光ります．

✓　スイッチが上側なら1，下側なら0が返って来る

次はスイッチの値を読んでみます．4個のうち両端のスイッチを上側に切り替え，その後前節と同じように，

　　./memread /dev/xillybus_mem_8 0

とタイプしてリターンしてみます．

　　Read from address 0: 9

となり，これらスイッチの状態が"1001"であることを読み取れました．

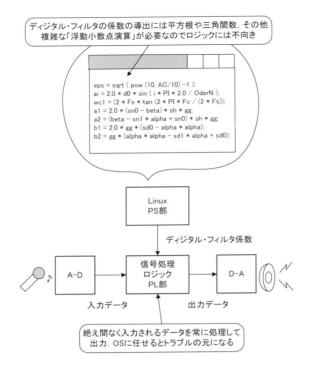

図1-13 リアルタイム信号処理ロジックにLinuxからパラメータを渡す

✓ デバイス・ドライバを新規作成する必要がない

ここで重要なのは，デバイス・ドライバの先はPL部に繋がっているということです．その部分がプログラマブルであるおかげで，ユーザは自由に変更することができます．

すなわち，同じデバイス・ドライバを使って全く別のデバイスを操作することができるのです．

1.5 ARM Cortex-A9とロジックの使い分け…SoC FPGAならではの応用例

ZYBO搭載のZynqは「普通のSoC」ではなく，プログラマブル・ロジックも併せ持った「SoC FPGA」です．

従って，「BeagleBone BlackやRaspberry PiにはできないけどZYBOにはできる」という応用例があればZYBOの存在価値がぐっと上がりそうです．

✓ より実用的な応用例を考える

例えば，図1-13のようにLinux上のアプリケーションで「ディジタル・フィルタの係数」を導出し，それをPL部に送り，ロジックで作り込まれたディジタル・フィルタにさまざまな特性を持たせる，といった応用例を考えます．

✓ 高速/リアルタイムな処理はロジックに任せる

ディジタル・フィルタには高速性に加えてリアルタイム性（次から次へと入力されるデータを常に処理して出力する）が求められます．

そのような作業をARM Cortex-A9に任すと，OSの状態（何をインストールしたか，何を走らせているか）によってはシステムが不安定になる可能性があります．すなわちディジタル・フィルタはロジックで処理するのがベターです．

✓ 浮動小数点演算は ARM Cortex-A9 が行う

それに対して，フィルタ係数の導出は ARM Cortex-A9 で処理するのがベターです．なぜかというと，その作業には複雑な浮動小数点演算が必要であり，ロジック向きではないからです[7]．ARM Cortex-A9 は係数を導出したらそれをロジック部に渡し，あとは OS の処理に専念します．

柔軟，高速，安定的なシステムを実現し得る SoC FPGA

このように「ARM Cortex-A9 に適した仕事」と「ロジックに適した仕事」との振り分けによっては，柔軟で高速で安定的なシステムが可能になります．

Zynq は高速なプロセッサ ARM Cortex-A9 を 2 個内蔵し，それに加えて広大なプログラマブル・ロジック領域を持ち合わせています．従って Linux のようなリッチな OS を搭載でき，さらに高速/リアルタイムな処理を並行して行うことができます．Zynq を搭載した ZYBO ボードにより「ちょっとした PC＋α」のシステムができるのです！

✓ SoC FPGA のすごさを手軽に体感できる ZYBO+Xillinux

Xillinux は比較的簡単にインストールすることができる Linux です．ZYBO をお持ちならぜひ試してみましょう．

FPGA と言えば，従来はガチガチのハードウェアという印象でしたが，それを Linux 上のアプリケーションからあれこれ操作できる，しかも SoC としてワンチップ化されている…これにはとても先進的，近未来的な印象を受けました．「世の中便利になったものだ・・・」と著者は感慨にふけっているところです．

コラム：日本語キーボードへの対応

デフォルトではキーボードのレイアウトは英語版に対応ですが，以下の手順で日本語版に対応させることができます．

ターミナル上で以下のようにタイプします．

```
dpkg-reconfigure keyboard-configuration
```

コンフィグレーション・メニューが開くので，「Generic 105-key (Intl) PC」→「Japanese」→「Japanese」→「The default for the keyboard layout」→「No compose key」→「No」と選択し，「Finish」の後リブートします．

---

[7] PS 部は FPU（Floating Point Unit）を有しているが，PL 部は有していない．

第 3 部 Linux 編

第2章 ロジック×ARM で実現！堅牢で柔軟なディジタル・フィルタ

●本章で使用する Vivado
Vivado WebPACK 2014.1

前章では ZYBO に Linux を載せて，C 言語でデバイス・ドライバを操作して LED を光らせたり，スイッチの状態を見たりしました．

本章では，図 2-1 のようにディジタル・フィルタの係数を計算してその特性を変えるといった，より複雑な操作を行います．

2.1 「複雑な浮動小数点演算」と「リアルタイムな固定小数点演算」を兼ね備えたシステムを作るには

✓ YouTube で ZYBO+filter などで検索してみよう！

図 2-1 の様子は以下のサイトで確認できます．

https://www.youtube.com/watch?v=D1apB9K4hR0

動画のタイトルは「ZYBO controls a digital filter」です．Linux を載せると ZYBO がまるで PC のようになり，従来ガチガチのハードウェアである FPGA がずいぶん柔軟になることが分かります．

✓ SoC FPGA のメリットは硬軟併せ持つシステムを実現できること

動画では以下の点をアピールしています．

1. 平方根，三角関数，その他複雑な浮動小数点演算は Linux 上の C 言語で行う
2. 高速でリアルタイムな信号処理は HDL で開発し，FPGA 内のロジックで行う

1 はロジックに不向きな仕事なので OS に任せます．逆に 2 は Linux のような OS には不向きなのでロジックに任せます．

このように上手に役割分担すれば，結果的に柔軟で高速で安定的なシステムを実現することができます．特に 2 は，BeagleBone Black や Raspberry Pi などには無理（プログラマブル・ロジックを持たない）なので，ZYBO のような SoC FPGA の大きな優位点だと言えます．

2.2 OS だけでは信号処理のリアルタイム性を保つのが難しい

図 2-1 のようなシステムを Linux だけ（ロジックなし）で行うとどのような問題が生じてくるか，ここで実験してみます．逆にロジックだけ（OS なし）で行う際の問題点についても言及します．

Linux だけでリアルタイム信号処理をやってはいけない理由を体感しよう

ZYBO 搭載の Zynq デバイスは PL 部を持つので，高速でリアルタイムなディジタル・フィルタを安定的に実現できます．

OSだけでは信号処理のリアルタイム性を保つのが難しい

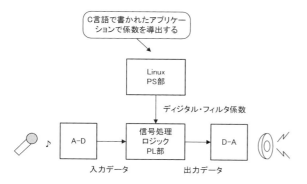

図2-1 ディジタル・フィルタの係数をOSから制御する

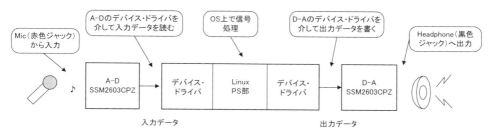

図2-2 OSだけで何とかする…リアルタイム性を保持できるか？

しかし，ここではあえて<u>PS部</u>にインストールしたLinuxにその処理を任せてみます．それによってどのような不具合が起こるかを体感します．

✓ **オーディオ・コーデック[1]のデバイス・ドライバを介して入出力．間に信号処理**

図2-2ではZYBOのMic入力にマイク，Headphone出力にヘッドホンを繋いで信号処理の実験をしています．

OSはA-Dコンバータのデバイス・ドライバを介してデータを読み，フィルタリングの後，D-Aコンバータのデバイス・ドライバを介してデータを書いています．

✓ **ユーザ・アプリケーションから音を鳴らすための下準備**

<u>Xillinux</u>ではPulseaudioというLinux用サウンド・ツールキットを使用して音の録音/再生を行います．

例えば，X Window上でユーザがWAVEファイルをダブルクリックすると，OSはPulseaudioを起動して音を鳴らします．

デフォルトでPulseaudioはOSに専有された状態にあり，ユーザ独自のアプリケーションから音を鳴らすことはできません．そこで，/etc/pulse/default.paというファイルの一番下にある2行をコメントアウトします（**リスト2-1**）．保存して再起動するとPulseaudioはOSから解放されます．

✓ **コンパイルできるようにMakefileを変更する**

X Window上でターミナルを開いて"ls"コマンドを打つと"xillybus"というディレクトリが見つかると思います．以下のようにディレクトリを移動します．

```
cd xillybus/demoapps
```

---

[1] ZYBOにはSSM2603CPZ（アナログ・デバイセズ）というオーディオ・コーデックが搭載されており，その中にA-D/D-Aコンバータがある．

第3部 Linux編／第2章 ロジック×ARMで実現！堅牢で柔軟なディジタル・フィルタ

リスト2-1　/etc/pulse/default.pa を変更する

```
# Xillinux-specific: Load modules connecting to Xillybus audio devfile
#load-module module-file-sink file=/dev/xillybus_audio rate=48000
#load-module module-file-source file=/dev/xillybus_audio rate=48000
```

この2行をコメントアウトする

リスト2-2　xillybus/demoapps/Makefile を変更する

```
CFLAGS=-g -Wall -O3

APPLICATIONS=memwrite memread streamread streamwrite fifo mystreamfilter

all:    $(APPLICATIONS)
```

これを追加する

リスト2-3　xillybus/demoapps/mystreamfilter.c（一部，付属CD-ROMに収録）

```
void filter(unsigned char *buf, int len) {
  int i, tmpl, tmpr, k;
  float accl, accr;

  for(i = 0; i < len; i++) {
    :  中略  :

      for(k = N; k >= 0; k--) accl += ((float)(ringbufl[k]) * hn);
      for(k = MAXN-1; k >= N+1; k--) accl += ((float)(ringbufl[k]) * hn);
      tmpl = (int)(accl);
    :  中略  :
  }
}
```

リング・バッファを読んで係数を乗算して累積

　ここでMakefileを開き，"APPLICATIONS=..."の行の最後に"mystreamfilter"を追加します（リスト2-2）．

✓　**オーディオ・コーデックのデバイス・ドライバを読み書きするC言語ソース**

　リスト2-3のようにC言語でソースを書きます（mystreamfilter.c）．保存の後，makeコマンドでコンパイルします．

　実行の際，以下のようにオーディオ・コーデックのデバイス・ドライバを指定します．

```
./mystreamfilter /dev/xillybus_audio
```

✓　**ロー・パス・フィルタを通った低音が聞こえる**

　このアプリケーションが行う処理は400タップの移動平均フィルタ[2]です．マイクに話しかけてみると低周波成分がヘッドホンから出力されます．コンマ何秒かのレイテンシはありますが，違和感なく聞こえると思います．

✓　**OSが「普通の状態」なら問題なく音声処理できるが...**

　このようにアプリケーション単独ではほぼ問題なく動作すると思います．しかし，例えば図2-3のように「Firefox」のようなブラウザを開き，ウェブ・カメラからの動画を映すなど，並行して重い処理を行うと問題が発生します．図2-3ではターミナルを何枚か開いていますが，この状態では新たに開くたびにヘッドホンから「ガサガサッ」と音がします．

✓　**処理が間に合わなくなって音が途切れる**

　この現象は，OSがほかの処理に手間を取られているため，音声の処理まで手が回らなくなることを意味します．つまり，A-Dコンバータからのデータを処理してD-Aに渡す前に，次のデータが入

---

[2] 入力データの近傍400個を平均して出力するディジタル・フィルタ．低域通過（ロー・パス）特性となる．

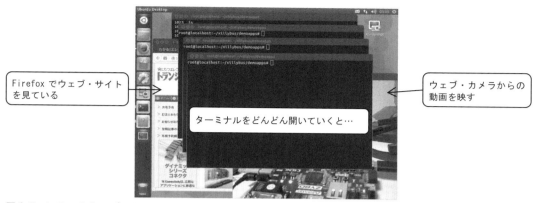

図2-3 いろいろなアプリケーションを開いていくとOSが重くなる

ってきてしまうのです．

✓ **OSでリアルタイム信号処理をやると不安定になりやすい**

A-Dコンバータからデータが次から次へと入って来るような「リアルタイム信号処理」においては，OSでは処理が間に合わなくなる「演算量の壁」が存在します．また，仮に間に合っていたとしても，OSの状態（何を走らせているか，何をインストールしたか）によっては不安定になります．

✓ **OSに必ず付きまとう「フリーズ」という問題**

重いアプリケーションをいくつも走らせたりトリッキな操作をしたりすると，やがてOSはフリーズ（固まって操作が効かない状態）します．そうなると信号処理どころかD-Aから音が出なくなってしまいます．

✓ **OSが一つの仕事に費やす時間はその状況によって変わる**

また，ここで実験したように「アプリケーション単独で動かせば間に合うのに，ほかのアプリケーションといっしょに動かすと間に合わない」ということは，「ある処理に費やす時間が一定にならない」ということになります．

すなわち，その処理にかかる時間が正しく見積もれないことになり，信号処理や制御系システムなどにおいては大きな不安要素となります．

✓ **OSの状態に左右されないようにハードウェアで処理する**

以上のような理由から，OSだけにリアルタイム信号処理を任せるのは得策ではないことが分かります．このような処理を扱えるハードウェアがあれば，当然そちらに一任するべきです．

ロジックだけでやるとフィルタ特性を変えるのが難しくなる

前節で「リアルタイム信号処理はロジック向き」と述べました．しかし，ハードウェアだけのシステムでは文字通りガチガチになり「柔軟性」に欠けます．

✓ **ロジックでの演算は固定小数点が基本**

例えば，ディジタル・フィルタの特性を変えるには「係数」を変える必要がありますが，その導出には複雑な浮動小数点演算が必要になります．

ZynqにはFPU（Floating Point Unit）が内蔵されていますが，それはPS部にあり，PL部から直接触れることはできません．従って，ロジックで浮動小数点演算を行うことは想定されていないことが分かります．

第3部 Linux編／第2章 ロジック×ARMで実現！堅牢で柔軟なディジタル・フィルタ

✓ **OSならFPUで浮動小数点演算ができる**

もちろん，FPUを自作してもかまいませんし，三角関数や平方根などを固定小数点演算で求めるアルゴリズムもいくつかあるので[3]，PL部で係数を導出することも不可能ではありません．

しかし，Zynqの場合，LinuxのようなOSを載せてfloat型の変数を使えば自動的にFPUが使用され，何の苦もなく浮動小数点演算ができます．

✓ **OSでじっくり係数を計算．ロジックはリアルタイムにフィルタリング**

また，ディジタル・フィルタの係数はそう頻繁に変更するものではないため，その導出にかかる時間が多少長くとも，またそれが一定でなくても問題にならないことが多いでしょう．従って，係数の導出はOS上のソフトウェアに任せるのが得策だと思います．

2.3 ロジックでディジタル・フィルタの「枠組み」を用意する

前章では，OSからLEDをON/OFFしました．本章では「係数のないディジタル・フィルタ」を用意し，OSからそれらの係数を設定しフィルタ特性を変更します．

✓ **デバイス・ドライバの先にフィルタ係数が繋がっているイメージ**

図2-4(a)はLinuxからデバイス・ドライバを介してディジタル・フィルタの特性を変えるイメージです．C言語アプリケーションはopen関数でデバイス・ドライバ(xillybus_mem_8)を開き，lseek

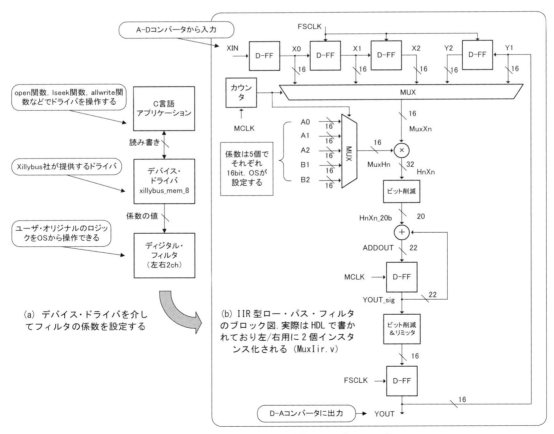

図2-4 デバイス・ドライバの先にIIRフィルタ（D-FF：D型フリップフロップ）

---

[3] ニュートン法，ルックアップ・テーブル＋多項式補間，CORDIC（COordinate Rotation DIgital Computer）などが有名．

関数でアドレスを設定し，allwrite 関数でデータを書きます．それにより，ディジタル・フィルタの係数を変更することができます．

✓ **ディジタル・フィルタは IIR 型**

図 2-4(b) はディジタル・フィルタの部分で，HDL（Hardware Description Language）で書かれたもの（MuxIir.v）を回路図で表現したものです．

IIR（Infinite Impulse Response）型ロー・パス・フィルタで係数は 5 個あり，それぞれ 16bit で量子化されています．係数は入力ポートになっており，外部から設定するようになっています．

✓ **OS が係数を設定するとフィルタ特性が決まる**

図 2-4(b) において係数（A0，A1，A2，B1，B2）はデバイス・ドライバを通して設定します．

XIN は IIR フィルタの入力データで，A-D コンバータから入力されます．

YOUT は IIR フィルタの出力データで，D-A コンバータに出力されます．

MCLK や FSCLK などはクロック生成回路から入力されます．

✓ **microSD カードの Bit ストリームを新しいものに置き換える**

前章で作成した Vivado プロジェクトに IIR フィルタの回路を追加します．付属 CD-ROM に README3-2 があるのでそれを参考に HDL ファイルを追加して Bit ストリーム（xillydemo.bit）を生成し microSD カードにコピーします．なお，xillydemo.bit は CD-ROM からコピーしてもかまいません．

2.4　OS で IIR 型フィルタの「係数」を計算してロジックに渡す

microSD カードの Bit ストリームを更新したら ZYBO に挿してブートします．その後 X Window をスタートしてターミナルを開きます．

複雑な浮動小数点演算により IIR フィルタの係数を求める

ターミナル上で**リスト 2-4** のような C 言語のソース（calcfilter.c）を作成します．**リスト 2-4** 上部の四つの関数により係数を計算し，それらを固定小数点化（整数化）し，デバイス・ドライバ（xillybus_mem_8）を介してロジックに送ります．

✓ **最初のステップはアナログ基準 LPF の設計**

BasicFilCal 関数は「アナログ基準 LPF」を求める関数です．基準 LPF のパラメータは主に IIR フィルタの次数（N）によって変わってきますが，ここでは $N = 2$ としています．

✓ **あらかじめカットオフ周波数をずらすプリワーピング**

PreWarp 関数は「プリワーピング」を行う関数です．アナログ・フィルタをディジタル・フィルタに変換する際，カットオフ周波数に「ずれ」が生じます．それを相殺するためにあらかじめ補正する作業がプリワーピングです．

✓ **周波数変換でアナログ・フィルタの係数を得る**

FreqTrans 関数は「周波数変換」を行う関数です．そのフィルタの特性がロー・パスかハイ・パスか，カットオフ周波数は何 Hz か，などがパラメータに反映されます．

✓ **s-z 変換でアナログからディジタルに写像する**

SZTrans 関数は「s-z 変換」を行う関数であり，"s" はラプラス変換の演算子，"z" は z 変換の演算子です．s-z 変換によってアナログ・フィルタはディジタル・フィルタに写像されます．その際，カ

第3部 Linux編／第2章 ロジック×ARMで実現！堅牢で柔軟なディジタル・フィルタ

リスト2-4　xillybus/demoapps/calcfilter.c（一部，付属CD-ROMに収録）

```
int main(int argc, char *argv[]) {
  int fd;
  int address;
  unsigned char data[10];
    :  中略  :

  BasicFilCal();
  PreWarp();          ─── IIRフィルタの係数を計算する関数
  FreqTrans();
  SZTrans();

  a0 = (short)(p_a0[0] * pow(2, 14));
  a1 = (short)(p_a1[0] * pow(2, 14));       係数の固定小数点化（整数化）．2.0
  a2 = (short)(p_a2[0] * pow(2, 14));    ── が32767，-2.0が-32768になる．b1,
  b1 = (short)((-1.0) * p_b1[0] * pow(2, 14));   b2を反転させる理由は図2-6参照
  b2 = (short)((-1.0) * p_b2[0] * pow(2, 14));

  fd = open("/dev/xillybus_mem_8", O_WRONLY);  ←── デバイス・ドライバを開く

  data[0] = (unsigned char)(a0 & 0xFF);       ── 係数を配列に入れる
  data[1] = (unsigned char)((a0 >> 8) & 0xFF);
    :  中略  :

  address = 0;                                 ── ドライバのアドレスを設定
  if (lseek(fd, address, SEEK_SET) < 0) {  ←──
    perror("Failed to seek");
    exit(1);
  }
  allwrite(fd, data, 10);  ←── ドライバを介して書き込む
  return 0;
}
```

ットオフ周波数に「ずれ」が生じますが，あらかじめ行ったプリワーピングによって相殺されます．

✓　**C言語ソースは浮動小数点演算のオンパレード…HDLでは難しい**

　四つの関数のC言語ソースを見てみます（冒頭の動画で見られる）．どれも複雑な浮動小数点演算を有しており，HDLで書いてロジックに実装するとなるといかにも大変そうです．実際に大変ですから，これらはC言語で書いてOSに計算させます．

✓　**係数を整数化してからロジックに渡す**

　また，ロジックで浮動小数点数は扱えないため，**リスト2-4**にあるように固定小数点化（整数化）します．その後デバイス・ドライバを開き，アドレス設定の後，係数がロジックに送られます．

2.5　ディジタル・フィルタのカットオフ周波数を自由自在に変える

以下の手順で係数計算アプリケーションの実行ファイルを作成します．

1.　付属CD-ROMのREADME3-2を参考にCソースやMakefileをmicroSDカードにコピー
2.　ZYBOを立ち上げてstartx
3.　Terminalを開いてディレクトリを移動
4.　makeコマンドでコンパイル

エラーがなければcalcfilterという実行ファイルが出来ているはずです．

✓　**サンプリング48kHz，カットオフ500HzのLPFを設計する**

　以下のように実行します．

　　　./calcfilter 0 48000 500

　第1引数はフィルタ・タイプであり，0でロー・パス・フィルタ（LPF），1でハイ・パス・フィルタ（HPF）になります．

136

ディジタル・フィルタのカットオフ周波数を自由自在に変える

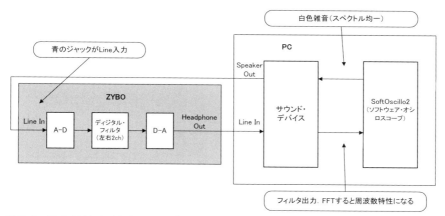

図 2-5 PC と ZYBO を φ3.5 mm ケーブルで繋いで計測

第 2 引数はサンプリング周波数です．ZYBO の場合オーディオ・コーデック（SSM2603CPZ）のサンプリングがデフォルトで 48kHz なので 48000 とします．

第 3 引数はカットオフ周波数で，この場合では 500Hz で－3dB 減衰します．

✓ **φ3.5 mm オーディオ・ジャックを通して入出力**

図 2-5 のように別の PC からアナログ信号（白色雑音）を ZYBO の Line に入力します[4]．そして A-D→ディジタル・フィルタ→D-A の後，Headphone に出力されます．

Headphone 出力は PC に戻され，その波形がサウンド・カード・オシロスコープ SoftOscillo2 ［㈱デジタルフィルター製．http://digitalfilter.com/］に表示されます．

✓ **calcfilter を実行すると Headphone 出力に波形が現れる**

IIR フィルタは 5 個の係数をポートとして外部に出していますが，デフォルトでそれらは 0 になるため出力は現れません（**図 2-6** にブロック図，差分方程式，伝達関数）．

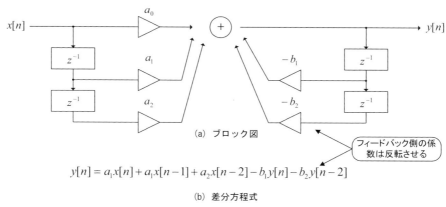

(a) ブロック図

$$y[n] = a_1 x[n] + a_1 x[n-1] + a_2 x[n-2] - b_1 y[n] - b_2 y[n-2]$$

(b) 差分方程式

$$H(z) = \frac{a_0 + a_1 z^{-1} + a_2 z^{-2}}{1 + b_1 z^{-1} + b_2 z^{-2}}$$

(c) 伝達関数

図 2-6 IIR フィルタの係数が 0 だと出力は出てこない

---

[4] 前節では Mic 入力（赤色ジャック）に繋いでいたが，ここでは Line 入力（青色ジャック）に繋ぐ．Line を有効にするには /usr/local/bin/zybo-sound-setup.pl を開き，write_i2c(0x04, 0x14) の行を write_i2c(0x04, 0x10) に変更してリブートする．

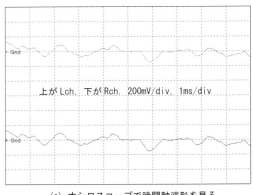
(a) オシロスコープで時間軸波形を見る

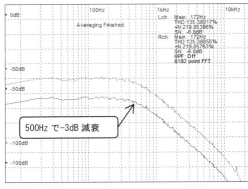
(b) FFT で周波数特性を見る

図 2-7　カットオフ周波数 500Hz のロー・パス・フィルタ（SoftOscillo2 で測定）

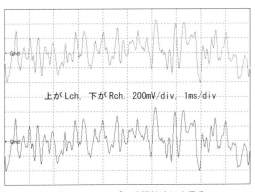
(a) オシロスコープで時間軸波形を見る

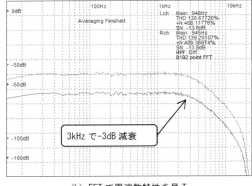
(b) FFT で周波数特性を見る

図 2-8　カットオフ周波数 3kHz のロー・パス・フィルタ（SoftOscillo2 で測定）

アプリケーションを実行すると係数が OS からロジックへ渡され，図 2-7(a)のようにディジタル・フィルタの出力が現れます．白色雑音がフィルタリングされた結果です．

✓　白色雑音のフィルタリング結果を FFT すると周波数特性

それを FFT（Fast Fourier Transform）すると周波数特性が分かります[5]．図 2-7(b)のようにカットオフ 500Hz の LPF になっています．

✓　カットオフ周波数を 3kHz に上げてみる

それでは周波数特性を変えてみます．以下のようにタイプしてリターンします．

```
./calcfilter 0 48000 3000
```

その結果は図 2-8 のようになり，カットオフ周波数が 3kHz へと移動しています．このように OS から自由自在にロジックをコントロールすることができます．

✓　前節は OS だけで処理していたから不安定になりやすかった

前節では OS 上でリアルタイム信号処理（移動平均フィルタ）を行いました．その際，ほかのアプリケーションも同時にたくさん実行すると，フィルタの演算が間に合わなくなったことを思い出します．

---

[5] 白色雑音の周波数分布はフラットであるため，それをフィルタの入力信号とした場合，出力信号の周波数分布はフィルタの周波数特性と等しくなる．

✓ **今度はロジックに処理を任せているから安定的になった！**

図 2-3 のようターミナルをどんどん開いていってもヘッドホンからの音に変化はないでしょう．さらに重いアプリケーションを走らせて，OS を<u>フリーズ</u>させてみてもあいかわらず音は出ています．それどころか OS を<u>シャットダウン</u>しても全く影響を受けずに動いています．

✓ **リアルタイム信号処理を OS から切り離したことによる安定性アップ**

このようにリアルタイム信号処理をロジックで行うと，「安定性」という点で優位になります．また，それにより OS 側の負担も減らせるという相乗効果もあると思います．

✓ **絶対に停止してはいけないプロセスはロジック向き**

Linux のような本格的な OS になると，ユーザはマウスやキーボードを使ってさまざまな操作をします．その想定には限界があるため「OS が不安定になる要素を完全に排除する」のは難しいと思います．従って「絶対に停止してはいけないプロセス」があるとすれば，そこは OS と切り離すべきでしょう．そうすれば<u>OS が固まろうが強制終了されようが全く影響を受けなくなります</u>．

2.6　キーワードは柔軟性と安定性...PS 部と PL 部にかかっている

本稿のポイントは以下になります．このような役割分担により，高速/リアルタイムな信号処理システムをより柔軟に，より安定的に構築することができます．

1. 平方根，三角関数，その他複雑な浮動小数点演算は Linux 上の C 言語で行う

   PS 部には ARM Cortex-A9 に加えて FPU があるため，容易に<u>浮動小数点演算</u>を行うことができます．それを活用することによりフィルタの特性を自在に変えるなど，柔軟性のあるシステムを構築できます．また OS があればユーザはマウスやキーボードを使って GUI を操作できます．さらにファイルの読み書きやネット接続も容易になり，Wi-Fi や Bluetooth など無線通信も可能になります．

2. 高速でリアルタイムな信号処理は HDL で開発し，FPGA 内のロジックで行う

   ARM Cortex-A9 は<u>逐次処理</u>であるため，単位時間内に処理できる演算量には上限があります．例えばディジタル・フィルタのチャネル数が増えた場合，1ch で間に合ったからといって 2ch で間に合うとは限りません．ロジックならば PL 部のプログラマブル・ロジック・セルが許す限り，いくらでも<u>並列処理</u>ができます．並列化は基本的に HDL ソースをコピー＆ペーストするだけであり，1ch で間に合うのなら 2ch になっても間に合うでしょう．ディジタル・フィルタのように次から次へとデータが入って来るリアルタイム信号処理はロジック向きであり，OS でそれを行うよりも安定的に処理することができます．従って，特に安定性が重視されるプロセスの場合はロジックで行うべきでしょう．

✓ **OS だけでもロジックだけでもダメなときは SoC FPGA を検討してみる**

BeagleBone Black や Raspberry Pi のようなシングル・ボード・コンピュータに Linux を載せて使う例をよく見かけます．しかし，信号処理や制御系にそれらを使用すると，安定性や即応性て不安要素が残ります．FPGA を使用すればそれら不安要素は取り除かれます．しかし，FPGA だけでは GUI が貧弱になり，融通が利かなくて扱いにくいものになりがちです．

そんなときは ZYBO のような SoC FPGA を思い出してみてください．ベストな解が見つかるかもしれません．

第 3 部 Linux 編

第3章　ネットに繋がる FPGA！ZYBO で作る遠隔操作システム

●本章で使用する Vivado
Vivado WebPACK 2014.1

ARM Cortex-A9 を持たない「普通の FPGA」ではウェブ・サイトにアクセスしたり，誰かにメールを送ったりすることは非常に困難です．しかし，ZYBO に Xillinux をインストールすれば，それらはいとも簡単に行うことができます．

3.1　「ネットに繋がる FPGA」という Zynq のメリットを活かす

本章では図 3-1 のようなシステムを作成します．ZYBO はクラウドを介して「ウェブ・サイトの管理人」とやり取りします．同図上段に示すように管理人に何かを伝えたいとき，ZYBO はメールを出します．また管理人からの情報を得たいとき，ZYBO はウェブ・サイトを見に行きます．

✓　係数をダウンロードしてから結果をメールするまで

本章では以下の四つのアプリケーションを作成します．

①　ウェブ・サイトから IIR フィルタ[1]の係数をダウンロードするアプリケーション
②　IIR フィルタの係数を PL 部に送るアプリケーション
③　PL 部から IIR フィルタの出力を受け取るアプリケーション
④　IIR フィルタの出力を FFT[2]するアプリケーション
　　これらを実行した後，
⑤　mail コマンドでウェブ・サイトの管理人にメールを送る

これら一連の所作を図 3-1 下段に示すように，シェル・スクリプトによって自動的に繰り返します．

✓　管理人の目的は IIR フィルタ出力のノイズを消すこと

ウェブ・サイトの管理人は ZYBO から送られるメールを開き，FFT の結果をチェックします．図 3-1 の左上に示すように，特定の周波数にノイズ成分があるのを発見したら，すみやかにウェブ・サイトを更新します．

✓　ZYBO はクラウド経由でフィルタ係数をもらって FFT 結果をメールする

ZYBO は一定のインターバルの後，上記①~⑤まで実行して再びメールを送ります．管理人はメールを開いて FFT 結果をチェックし，ノイズ成分が消えているのを確認します．

✓　ZYBO は勝手に動くので人が張り付く必要はない

ZYBO で行う処理はシェル・スクリプトで自動化されているので，管理人はネット環境さえあればどこにいても ZYBO の様子を知ることができ，その遠隔制御が可能になります．

---

[1]　図 3-7 にブロック図，差分方程式，伝達関数．
[2]　Fast Fourier Transform（高速フーリエ変換）．ディジタル・フーリエ変換におけるベクトル乗算を因数分解して減らすアルゴリズム．

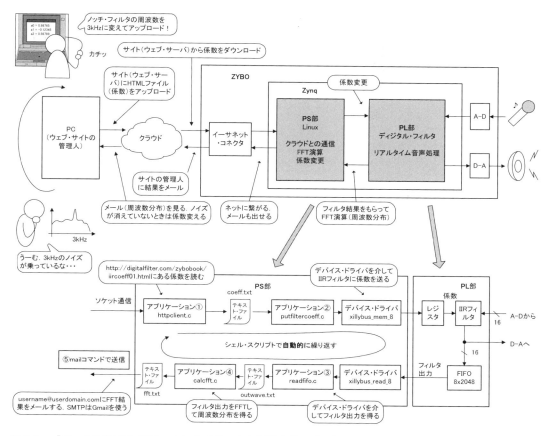

図3-1 「ネットに繋がるFPGA」というメリットを活用するアプリケーション

✓ ZYBOの大きなメリットは「ネットに繋がるFPGA」であること

ZynqはARM Cortex-A9を内蔵しているおかげでLinuxのようなOSを載せることができます．その結果インターネット接続が容易になり，図3-1のような遠隔操作アプリが可能になります．

✓ リアルタイム信号処理はロジックに任せると安心

Zynqは従来のFPGA的な部分も併せ持っているので，図3-1のIIRフィルタのようなリアルタイム信号処理を安定的に行うことができます．それに加えてRaspberry PiやBeagleBone Blackなどで行うような，Linuxを駆使したアプリケーションも可能になるのです！

3.2　ウェブ・サイトからIIRフィルタの係数をダウンロードするアプリ

ZYBOはまずウェブ・サイトからIIRフィルタの係数をダウンロードします．これからその手順について示します．

なぜブラウザでウェブ・サイトを見られるのか

管理人はあらかじめウェブ・サイトにIIRフィルタの係数をアップロードしています．以下にその一例を示します．

　　http://digitalfilter.com/zybobook/iircoeff01.html

ブラウザで上記サイトを開くと図3-2のように係数値を見ることができます．

図 3-2 ブラウザでサイトを見る

リスト 3-1 クライアントがサーバに送るコマンド

リスト 3-2 サーバがクライアントに送る HTML

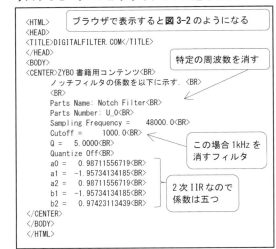

✓ サーバから得られる HTML をブラウザに表示

その際，クライアント（サイトを見る側の PC）とサーバ（サイトを公開する側の PC）は図 3-3 のようにやり取りしています．

クライアントはリスト 3-1 に示すような GET コマンドを送ります．するとサーバはリスト 3-2 のようにそのサイトの HTML データを返信します．クライアントは受け取った HTML を解釈して図 3-2 のように，ブラウザ上に表示します．

ソース・コードの説明とその実行

このようなしくみを Linux 上のアプリケーションで実現するための C 言語ソースはリスト 3-3 (httpclient.c)，フローチャートは図 3-4 のようになります．

✓ インターネットへの出入り口を作って繋ぐ

まず，クライアントは socket 関数でソケットを生成します．「ソケット」とはインターネットへの出入り口のようなものと考えてください．

その後，クライアントは connect 関数でソケットをサーバ側のソケットに繋ぎます．

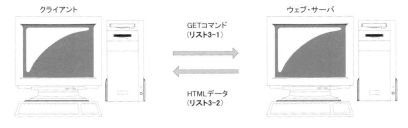

図 3-3 ブラウザでサイトを見る際のやり取り

リスト3-3 HTMLをGETするアプリhttpclient.c（一部，付属CD-ROMに収録）

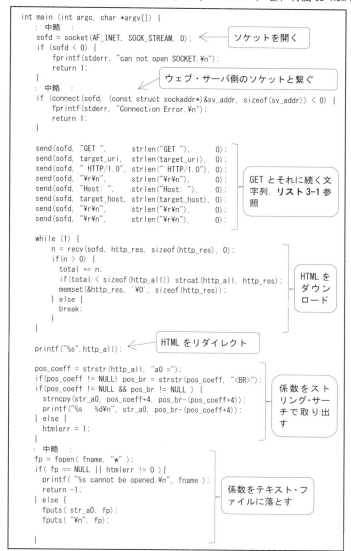

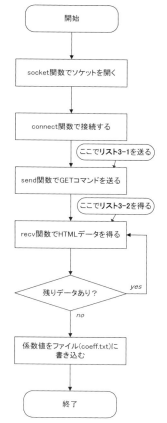

図3-4 HTMLをGETするアプリのフローチャート

✓ GETコマンドに続いてファイル・パスとホストURL

それに成功したら，クライアントはsend関数でサーバへGETコマンドを送ります．そこで実行されるコマンドが**リスト3-1**です．

✓ HTMLのソースに書かれた係数値をサーチ

サーバはGETコマンドを受け取ったら**リスト3-2**に示すようなHTMLを送信します．クライアントはrecv関数でそれを受け取ります．

もし，ブラウザだったらHTMLデータを**図3-2**のように表示するのですが，このアプリケーションではストリング・サーチで係数の値を探して，**リスト3-4**のようにファイル（coeff.txt）に書き込みます．

143

第 3 部 Linux 編／第 3 章 ネットに繋がる FPGA！ZYBO で作る遠隔操作システム

リスト 3-4　係数をファイルに落とす（coeff.txt）

```
 0.98711556719
-1.95734134185       ┌─ HTML データから係数値のみをピックアップ
 0.98711556719
-1.95734134185
 0.97423113439
```

✓　**係数ファイルが出来ているのを確認**

httpclient.c を make でコンパイルして以下のように実行してみます．

なお，make には Makefile が必要になります．付属 CD-ROM の app3-3 にある同ファイルを参考にしてください．

```
./httpclient digitalfilter.com /zybobook/iircoeff01.html
```

2，3 秒すると Terminal にその HTML データがリダイレクトされます．ls コマンドで見てみると coeff.txt が出来ていると思います．

うまくいかない場合は，URL などにタイプ・ミスがないか確認してください（.com と/zybobook の間にスペースが必要）．

3.3　IIR フィルタの係数を PL 部に送るアプリケーション

前節で作成したアプリケーションによって coeff.txt という係数ファイルが出来上がります．

ここではそれを読み込んで，PL 部に実装された IIR フィルタに送るアプリケーションを作成します．

PL 部に IIR フィルタを追加する

まずは Xillinux の FPGA コンフィグレーションに「IIR フィルタ」を追加します．

付属 CD-ROM の README3-3 の手順に従って xillydemo.v を変更してください．

変更の後，Bit ストリーム（xillydemo.bit）を生成し，microSD カードの同ファイルと置き換えます[3]．

✓　**RAM がレジスタ・インターフェースに変更されている**

リスト 3-5 に変更後のトップ・モジュール xillydemo.v を示します．このように inferred RAM がコメントアウトされ，そのかわりにレジスタ・インターフェースが書かれています．

それにより OS（Xillinux）はデバイス・ドライバ xillybus_mem_8 を介して IIR フィルタの係数を設定することができます．

✓　**FIFO の書き込み側はロジックに繋がっている**

FIFO 周りを回路図で表すと図 3-5 のようになります．同図では IIR フィルタの出力の上位 8bit が FIFO に入力されています．

---

[3]　付属 CD-ROM にある xillidemo.bit を microSD カードにコピーしてもよい．

IIRフィルタの係数をPL部に送るアプリケーション

リスト3-5 xillydemo.vのソース（一部，付属CD-ROMに収録）

```
module xillydemo
  (
  input  clk_100,
  input  otg_oc,

    // Ports related to /dev/xillybus_read_8
    // FPGA to CPU signals:
    .user_r_read_8_rden(user_r_read_8_rden),
    .user_r_read_8_empty(user_r_read_8_empty),
    .user_r_read_8_data(user_r_read_8_data),
    .user_r_read_8_eof(user_r_read_8_eof),
    .user_r_read_8_open(user_r_read_8_open),

    // Ports related to /dev/xillybus_write_8
    // CPU to FPGA signals:
    .user_w_write_8_wren(), // open // user_w_write_8_wren),
    .user_w_write_8_full(), // open // user_w_write_8_full),
    .user_w_write_8_data(), // open // user_w_write_8_data),
    .user_w_write_8_open(), // open // user_w_write_8_open),

  // A simple inferred RAM
// always @(posedge bus_clk)
//   begin
//     if (user_w_mem_8_wren) begin
//       demoarray[user_mem_8_addr] <= user_w_mem_8_data;
//     end
//   end

  always @(posedge bus_clk)
    begin
      if (user_w_mem_8_wren) begin
        if(user_mem_8_addr == 0) begin
          data00 <= user_w_mem_8_data;
        end
        else if (user_mem_8_addr == 1) begin
          data01 <= user_w_mem_8_data;
        end
    :  中略  :
        else if (user_mem_8_addr == 9) begin
          data09 <= user_w_mem_8_data;
        end
        else if (user_mem_8_addr == 16) begin
          enb_fifo_wr_by_os <= user_w_mem_8_data[0];
        end
      end
    end
```

- FIFOのリード側はデフォルトのまま（PS部から読める）
- FIFOのライト側はオープンにする（PS部からは書けない）
- inferred RAMはコメントアウトする
- inferred RAMのライトをレジスタのライトに変更．アドレス0～9まではIIRフィルタの係数，アドレス16はFIFOライト・イネーブルのレジスタ

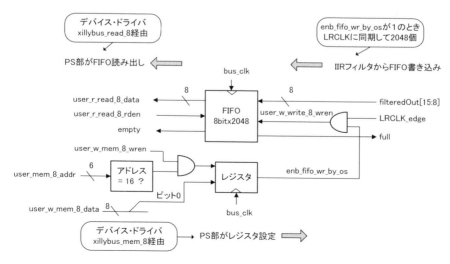

図3-5 IIRフィルタからFIFOに送るための回路

第3部 Linux編／第3章 ネットに繋がるFPGA！ZYBOで作る遠隔操作システム

リスト3-5 xillydemo.vのソース（一部）（つづき）

```verilog
  always@(posedge bus_clk)  begin
    begin
      audio_dac_lrclk_l_dly3 <= audio_dac_lrclk_l_dly2;
      audio_dac_lrclk_l_dly2 <= audio_dac_lrclk_l_dly1;
      audio_dac_lrclk_l_dly1 <= audio_dac_lrclk_l_dly;
    end
  end

  assign LRCLK_edge = (audio_dac_lrclk_l_dly3 == 1'b0
    && audio_dac_lrclk_l_dly2 == 1'b1)? 1'b1 : 1'b0;

  assign user_w_write_8_wren = (LRCLK_edge == 1'b1 && enb_fifo_wr_by_os == 1'b1)? 1'b1 : 1'b0;

  // 8-bit loopback
  fifo_8x2048 fifo_8
    (
     .clk(bus_clk),
     .srst(!user_w_write_8_open && !user_r_read_8_open),
     .din(filterOut[15:8]),
     .wr_en(user_w_write_8_wren),
     .rd_en(user_r_read_8_rden),
     .dout(user_r_read_8_data),
     .full(user_w_write_8_full),
     .empty(user_r_read_8_empty)
    );

  assign a0_sig = {data01, data00};
  assign a1_sig = {data03, data02};
  assign a2_sig = {data05, data04};
  assign b1_sig = {data07, data06};
  assign b2_sig = {data09, data08};

  MuxIir iir_l(
    .RST_N(1'b1),
    .MCLK(audio_mclk),
    .FSCLK(audio_adc_lrclk_dly),
    .A0(a0_sig),
    .A1(a1_sig),
    .A2(a2_sig),
    .B1(b1_sig),
    .B2(b2_sig),
    .XIN(filterIn),
    .YOUT(filterOut)
    );

endmodule
```

- LRCLK（サンプリング周波数のクロック）のエッジ信号生成
- PS部がFIFOライトを有効にしたらLRCLKに同期してFIFO書き込み
- 8bit×2048のFIFOのインスタンス
- IIRフィルタの出力の上位8bitがFIFOの入力に行く
- レジスタ（0〜9番地）の値が係数になる
- IIRフィルタのインスタンス

FIFOのライト・イネーブル user_w_write_8_wren は，サンプリング・クロックのエッジを示す信号 LRCLK_edge と，レジスタ・インターフェースのアドレス16のビット0（enb_fifo_wr_by_os）との AND になっています．

従って，enb_fifo_wr_by_os が1のとき，サンプリング・クロックに同期して <u>IIR フィルタの出力 2048 個が FIFO に書き込まれます</u>．

✓ FIFO の読み出し側は OS に繋がっている

<u>別の</u>デバイス・ドライバ <u>xillybus_read_8</u> を介して <u>PS 部は FIFO のデータを 2048 個読み出します</u>．その際，enb_fifo_wr_by_os を0に戻して FIFO の書き込みをストップさせる必要があります．

オーディオ・コーデックの設定

microSD カードの xillydemo.bit を置き換えたら ZYBO に挿してブートします．ZYBO には SSM2603CPZ（アナログ・デバイセズ）というオーディオ・コーデックが搭載されており，その中に A-D/D-A コンバータがありますが，まずはそれを使うための設定をします．

リスト3-6 /etc/pulse/default.pa を変更する

```
# Xillinux-specific: Load modules connecting to Xillybus audio devfile
###load-module module-file-sink file=/dev/xillybus_audio rate=48000     ← この2行をコメントアウトする
###load-module module-file-source file=/dev/xillybus_audio rate=48000
```

リスト3-7 /usr/local/bin/zybo_sound_setup.pl を変更する

```
write_i2c(0x04, 0x10);        ← マイクからLine入力にする
    :  :
###write_i2c(0x10, 0x1fd);    ← オート・ゲイン・コントロールをOFF
###write_i2c(0x12, 0xe1);
```

リスト3-8 係数値をPL部に送るアプリのソース（putfiltercoeff.c，一部，付属CD-ROMに収録）

```c
int main(int argc, char *argv[]) {

  fp = fopen( "coeff.txt", "r" );

  if( fgets( str_a0, 20, fp ) != NULL ){
    printf( "%s", str_a0 );
  }

  fclose( fp );

  a0 = (short)(atof(str_a0) * pow(2, 14));      ┐
  a1 = (short)(atof(str_a1) * pow(2, 14));      │ 符号付き16bitで量子
  a2 = (short)(atof(str_a2) * pow(2, 14));      │ 化（精度は15bit）
  b1 = (short)((-1) * atof(str_b1) * pow(2, 14));┘
  b2 = (short)((-1) * atof(str_b2) * pow(2, 14));  ← b1，b2はあらか
                                                     じめ反転させる
  address = 0;
  fd = open("/dev/xillybus_mem_8", O_WRONLY);

  data[0] = (unsigned char)(a0 & 0xFF);         ← 8bit×2に分解
  data[1] = (unsigned char)((a0 >> 8) & 0xFF);
    :  中略  :
  if (lseek(fd, address, SEEK_SET) < 0) {
    perror("Failed to seek");
    exit(1);
  }
  allwrite(fd, data, 10);   ← 係数5個（10Byte）送る

  return 0;
}

void allwrite(int fd, unsigned char *buf, int len) {  ← デバイス・ドライ
  int sent = 0;                                         バを介してPL部
  int rc;                                               に書き込む関数

  while (sent < len) {
    rc = write(fd, buf + sent, len - sent);

    if ((rc < 0) && (errno == EINTR))
      continue;

    if (rc < 0) {
      perror("allwrite() failed to write");
      exit(1);
    }

    if (rc == 0) {
      fprintf(stderr, "Reached write EOF (?!)\n");
      exit(1);
    }

    sent += rc;
  }
```

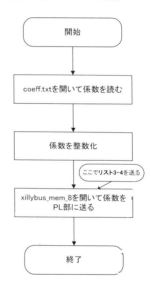

図3-6 係数値をPL部に送るアプリのフローチャート

✓ アプリケーションから音を出せるようにする

/etc/pulse/default.pa

というファイルの一番下にある 2 行をコメントアウトします（**リスト 3-6**）．デフォルトでコーデックは OS（Xillinux）に占有された状態ですが，これにより OS から解放されます．

✓ **Line から入力．オート・ゲイン・コントロールは OFF にする**

次に，コーデックのレジスタ設定を変えます．

/usr/local/bin/zybo_sound_setup.pl

を開き，レジスタ 0x04 の値を 0x14 から 0x10 に変更します（**リスト 3-7**）．これによってコーデックの入力は Mic（赤色ジャック）から Line（青色ジャック）になります．さらに同リストのように，オート・ゲイン・コントロールの部分をコメントアウトします．

以上二つのファイルを変更し保存した後，いったん Xillinux をリブートします．

ソース・コードの説明とその実行

リスト 3-8 は C 言語ソース（putfiltercoeff.c）で，**図 3-6** はそのフローチャートです．まず fopen 関数で coeff.txt を開き，IIR フィルタの係数の値 5 個を読みます．

PL 部では浮動小数点は取り扱えないため，係数を固定小数点化（整数化）します．また IIR フィルタは**図 3-7** のような構成になっているのでフィードバック側の係数（b1，b2）を反転させます．

そして，デバイス・ドライバ xillybus_mem_8 を開いて係数値を PL 部に渡します．

✓ **係数を渡して初めて IIR フィルタが動き出す**

putfiltercoeff.c を make でコンパイルしてみます．エラーなく通ったら以下のように実行します．

./putfiltercoeff

すると coeff.txt にある係数値が IIR フィルタに渡されます．第 3 部第 2 章図 2-5 のように PC と ZYBO をステレオ・ケーブルで繋ぎ，サウンド・カード・オシロスコープ SoftOscillo2 ［㈱デジタルフィルター製．http://digitalfilter.com/］で測定します．

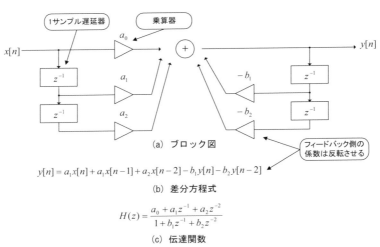

(a) ブロック図

$$y[n] = a_1 x[n] + a_1 x[n-1] + a_2 x[n-2] - b_1 y[n-1] - b_2 y[n-2]$$

(b) 差分方程式

$$H(z) = \frac{a_0 + a_1 z^{-1} + a_2 z^{-2}}{1 + b_1 z^{-1} + b_2 z^{-2}}$$

(c) 伝達関数

図 3-7　5 個の係数で積和演算を行う 2 次 IIR フィルタ（Biquad）

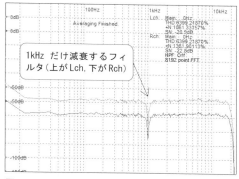

リスト3-9　ロー・パス・フィルタになる係数
```
 0.001026
 0.002051
 0.001026
-1.907392
 0.911494
```

図3-8　渡された係数は1kHzのノッチ・フィルタ

フィルタの周波数特性は図3-8のようなノッチ特性になります。

ちなみにcoeff.txtをリスト3-9のように書き換えると、フィルタは第3部第2章図2-7のようなLPF（Low Pass Filter，ロー・パス・フィルタ）になります。

3.4　PL部からIIRフィルタの出力を受け取るアプリケーション

前節ではPS部からPL部に係数値を送りましたが、ここでは逆にPS部はPL部にあるIIRフィルタの出力を受け取ります。

このIIRフィルタは「係数」が5個と少ないため、前節のようなアプリケーションで送ることができます。それに対して今度はIIRフィルタの「出力」を2048個受け取ります。前節で使ったデバイス・ドライバxillybus_mem_8ではアドレスが0～31までしかなく、これではぜんぜん足りません。

データ数が多いのでFIFOを使う

XillinuxのFPGAコンフィグレーションは、デフォルトでFIFO（First In First Out）型メモリを持っており、xillybus_read_8というデバイス・ドライバでアクセスできます。ここではそれを活用し、大量のデータをPL部から受け取ってみます。

ソース・コードの説明とその実行

アプリケーション（PS部にある）はデバイス・ドライバxillybus_read_8を介してFIFOからデータを読み出します。emptyが1になるまで2048個読むことができます。

✓　デバイス・ドライバxillybus_mem_8でFIFO書き込み有効

リスト3-10にアプリケーションreadfifo.cのソース、図3-9にフローチャートを示します。

アプリケーションはまず、デバイス・ドライバxillybus_mem_8をopen関数で開きます。その後EnableFifoWrite(fdw, 1)を実行します。この関数はデバイス・ドライバxillybus_mem_8を介して図3-5におけるenb_fifo_wr_by_os信号を1にします。その信号は図3-5のANDに入力され、これで初めてFIFOの書き込みが有効になります。

✓　読み出し時はFIFOに書き込まないようにする

その後アプリケーションは1秒スリープし、その間にFIFOはフルになります。そして今度はEnableFifoWrite(fdw, 0)を実行してenb_fifo_wr_by_os信号を0とし、FIFOの書き込みを無効にします。

リスト3-10 PL部のFIFOを読むアプリのソース（readfifo.c，一部，付属CD-ROMに収録）

```c
int main(int argc, char *argv[]) {
  fdw = open("/dev/xillybus_mem_8", O_WRONLY);
  EnableFifoWrite(fdw, 1);     ← enb_fifo_wr_by_os 信号を1にする
  sleep(1);
  EnableFifoWrite(fdw, 0);     ← enb_fifo_wr_by_os 信号を0にする

  fdr = open("/dev/xillybus_read_8", O_RDONLY);

  allread(fdr, buf, WAVEN);    ← WAVEN(2048)個, FIFOからデータを読む

  for(i = 0; i < WAVEN; i++) {
    if(buf[i] < 128) outWave[i] = buf[i];
    else outWave[i] = buf[i] - 256;          ← unsigned char を符号付き整数にする
    printf("buf[%d] = %d\n", i, outWave[i]);
  }

  TxtSave("outwave.txt", outWave);    ← FIFOのデータをファイルに書き込む
}

void allread(int fd, unsigned char *buf, int len) {
  int received = 0;                 ← デバイス・ドライバを介してデータを読む関数
  int rc;

  while (received < len) {
    rc = read(fd, buf + received, len - received);

    if ((rc < 0) && (errno == EINTR)) continue;

    if (rc < 0) {
      perror("allread() failed to read");
      exit(1);
    }
    if (rc == 0) {
      fprintf(stderr, "Reached read EOF (?!)\n");
      exit(1);
    }
    received += rc;
  }
}
                                  ← デバイス・ドライバを介して enb_fifo_wr_by_os 信号を制御する関数
void EnableFifoWrite(int fd, unsigned char enb) {
  if (lseek(fd, 16, SEEK_SET) < 0) {
    perror("Failed to seek");       ← 16番地のレジスタを書く
    exit(1);
  }
  allwrite(fd, &enb, 1);
}
```

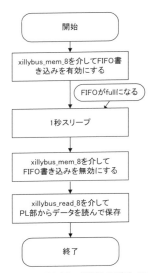

図3-9 PL部のFIFOを読むアプリのフローチャート

リスト3-11 IIRフィルタの出力（outwave.txt，一部）

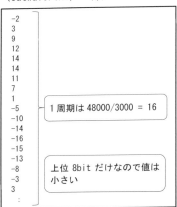

✓ デバイス・ドライバ xillybus_read_8 で FIFO から読み出す

次にもう一つのデバイス・ドライバ xillybus_read_8 を open 関数で開きます．その後 allread 関数を実行します．この関数はデバイス・ドライバ xillybus_read_8 を介して FIFO から 2048 個のデータを読み出します．

✓ フィルタの出力ファイルを見てみよう

読み込んだ 2048 個のデータは，最後にテキスト・ファイル outwave.txt に落とされます．それでは以下のようにコマンドを打ってみます．

```
./readfifo
```

リスト3-11 はその結果の一例で，「48kHz でサンプリングされた 3kHz のサイン波」になっています．なお，図3-5 に示すように上位 8bit だけを送っているので小さな値になっています．

PL 部から IIR フィルタの出力を受け取るアプリケーション

リスト 3-12 フィルタ出力に FFT を施すアプリのソース (calcfft.c, 一部, 付属 CD-ROM に収録)

```
int main(int argc, char *argv[]) {
  TxtLoad("outwave.txt", InWave);          ← IIR フィルタの出力を読む
  FftCal(InWave, RealSpec, ImagSpec, PwrSpec); ← FFT を施す
  TxtSave("fft.txt", PwrSpec);             ← FFT 結果をファイルに保存
  return 0;
}
void FftCal(float *iW, float *oR, float *oI, float *oP)
{
  short N = FFTN;                          ← FFT を施す関数
  short P;
  short N_2 = N/2;
  short i, j, k, kp, m, h;                 ← FFTN = 2048 ポイント
  float w1, w2, s1, s2, t1, t2;
  float tri[FFTN];
  float fReal[FFTN], fImag[FFTN];

  i = N; P = 0;
  while (i != 1) {
    i = i / 2;
    P++;
  }

  for (i = 0; i < N; i++) {                ← 実数部にフィルタ出力を入
    fReal[i] = iW[i]; fImag[i] = 0;           れる. 虚数部は 0 で埋める
  }

  for ( i = 0; i < N_2; i++ ) {
    tri[i] = cos( 2 * i * M_PI / N );      ← 三角関数を配列
    tri[i + N_2] = (-1.0) * sin( 2 * i * M_PI / N );  に入れる
  }

  j = 0;
  for ( i = 0; i <= N-2; i++ ) {
    if (i < j) {
      t1 = fReal[j]; fReal[j] = fReal[i]; fReal[i] = t1;
      t2 = fImag[j]; fImag[j] = fImag[i]; fImag[i] = t2;
    }
    k = N_2;                               ← ビット逆順ソー
    while (k <= j) {                           ト
      j = j - k; k = k/2;
    }
    j = j + k;
  }

  for ( i = 1; i <= P; i++ ) {
    m = pow(2, i);
    h = m/2;
    for ( j = 0; j < h; j++ ) {
      w1 = tri[j*(N/m)];
      w2 = tri[j*(N/m) + N_2];
      for( k = j; k < N; k+=m ) {         ← バタフライ演算
        kp = k + h;
        s1 = fReal[kp] * w1 - fImag[kp] * w2;
        s2 = fReal[kp] * w2 + fImag[kp] * w1;
        t1 = fReal[k] + s1; fReal[kp] = fReal[k] - s1; fReal[k] = t1;
        t2 = fImag[k] + s2; fImag[kp] = fImag[k] - s2; fImag[k] = t2;
      }
    }
  }

  for ( i = 0; i < N; i++ ) {              ← パワー・スペクトルの計算
    oR[i] = fReal[i];
    oI[i] = fImag[i];
    oP[i] = fReal[i] * fReal[i] + fImag[i] * fImag[i];
  }
}
```

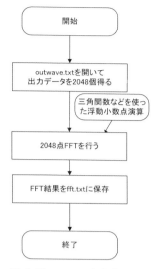

図 3-10 フィルタ出力に FFT を施すアプリのフローチャート

リスト 3-13 FFT の結果 (fft.txt, 一部)

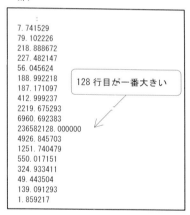

第3部 Linux 編／第3章 ネットに繋がる FPGA！ZYBO で作る遠隔操作システム

3.5 IIR フィルタの出力を FFT するアプリケーション

前節では PL 部に置かれた IIR フィルタの出力を FIFO にため込み，アプリケーションがそれを読み出してファイル outwave.txt に落としました．

ソース・コードの説明とその実行

本節では outwave.txt にあるデータに FFT を施し，そのスペクトル（周波数分布）を得ます．リスト 3-12 はそのアプリケーションのソース calcfft.c，図 3-10 はフローチャートです．

アプリケーションはまず outwave.txt を開いて 2048 個のデータを読みます．その後アプリケーションは FftCal 関数でポイント数 2048 の FFT を行います．FFT によって得られたパワー・スペクトル 2048 個をファイル fft.txt に落とします．

✓ **ロジックでは困難な三角関数の演算も FPU なら楽々できる**

PS 部は FPU（Floating Point Unit）を持つので，リスト 3-12 に示すように FFT 演算は浮動小数点（float）で行えます．それに対し PL 部は FPU を持っていないので，もしそちらで FFT を行うとすれば演算は固定小数点で行う必要があり，特に同リストにあるような $\sin(x)$，$\cos(x)$ のような計算には困難を伴います．従って，FFT はこのように PS 部で行うのが賢明でしょう．

✓ **FFT の結果を見れば周波数分布が分かる**

make でコンパイルした後，以下のようにタイプしてみます．fft.txt に結果が保存されます．

```
./calcfft
```

FFT のポイント数は 2048，サンプリング周波数が 48kHz なので周波数軸の解像度は 48000 / 2048 = 23.4Hz になります．例えば，信号が 3kHz のサイン波だとするとそのスペクトルは，3000Hz / 23.4Hz = 128 番目に現れます．fft.txt を見るとリスト 3-13 のように 128 番目が一番大きくなっているので，この信号には 3kHz の成分が多く含まれることが分かります．

3.6 mail コマンドでウェブ・サイトの管理人にメールを送る

本章ではクラウドを介して「ウェブ・サイトの管理人」と「ZYBO」がやり取りします．管理人→ ZYBO の通信は，ZYBO がウェブ・サイトを見に行くことで達成しました．逆に ZYBO →管理人の通信は「電子メール」で行います．

✓ **ZYBO は SMTP サーバにメールを送る**

図 3-11 にその概要を示します．ZYBO は mail コマンドで SMTP（Simple Mail Transfer Protocol）と呼ばれる送信サーバにメールを送ります．その後 SMTP サーバはすみやかに POP（Post Office Protocol）と呼ばれる受信サーバにそれを転送します．

sSMTP のインストール

最初に「sSMTP」というパッケージをインストールします．それによって ZYBO は「mail」コマンドを使えるようになります．

mailコマンドでウェブ・サイトの管理人にメールを送る

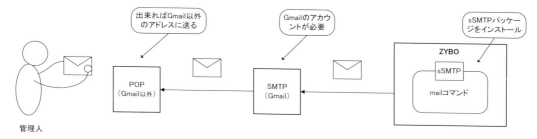

図 3-11 ZYBO からウェブ・サイトの管理人にメールを送る

✓ **パッケージのアップデート**

まず，/etc/apt/sources.list というファイルを開き，**リスト 3-14** のように 4 行が無効になっていたら有効にします．

その後，パッケージのアップデートを行います．

    sudo apt-get update

✓ **mailutils とその設定**

次に mailutils をインストールします．

    sudo apt-get install -yV mailutils

図 3-12 のような画面が現れたらキーボードの矢印キーで Ok をハイライトしてリターン・キーを押します．**図 3-13**，**図 3-14** はデフォルトのままリターンでよいと思います．

そして，以下のコマンドで sSMTP をインストールします．

    sudo apt-get install -yV ssmtp

/etc/ssmtp/ssmtp.conf というファイルが出来ているので，それを開いて**リスト 3-15** のように SMTP サーバの設定を行います．

✓ **送信サーバは Gmail を使う**

送信（SMTP）サーバは <u>Gmail</u> というグーグルの提供するメール・サービスを利用します．アカウ

リスト 3-14 /etc/apt/sources.list の 4 行を有効に

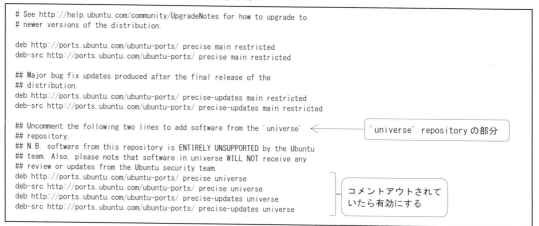

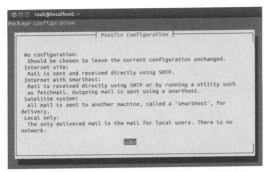

図 3-12 キーボードの矢印キーで Ok をハイライト

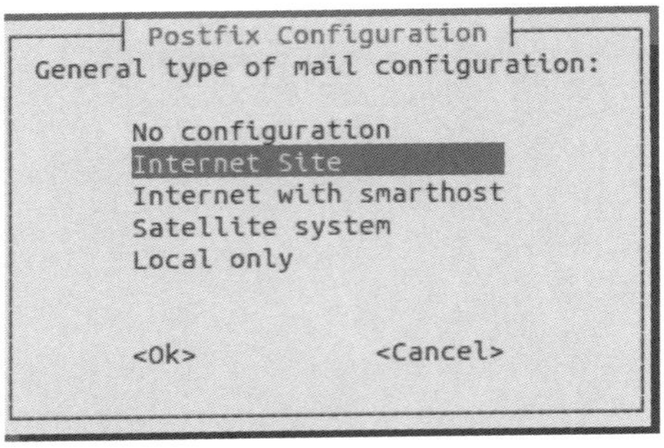

図 3-13 Internet Site を選択

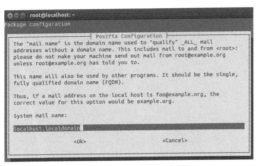

図 3-14 localhost.localdomain を選択

図 3-15 My Account をクリック

ントのない人は作成します．

　Gmail にサインインした後，図 3-15 のように username@gmail.com をクリックし，さらに［My Account］をクリックします．

　次に My Account で図 3-16 のように［Sign-in & security］をクリックします．

　図 3-17 のように「Allow low secure apps」を「有効」にします（セキュリティは下がる）．

適当なメールアドレスに送ってみよう

　それでは，mail コマンドの後にあて先を追加してリターンしてみます．なお，Gmail は送信（SMTP）サーバに使います．

　受信（POP）サーバは Gmail 以外のメール・サービスにします．以下は一例です．自分で受け取れるメール・アドレスに送ってください．

```
mail username@userdomain.com
```

すると CC や Subject を求められるので適当に入力し，その後本文を入力します．

　終了はキーボードの Ctrl+D です．このとき同時にメールが送られます．

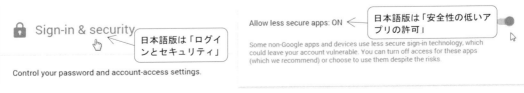

図 3-16 Sign-in & security をクリック　　　図 3-17 Allow less secure apps を ON にする

リスト3-15 /etc/ssmtp/ssmtp.conf を変更する

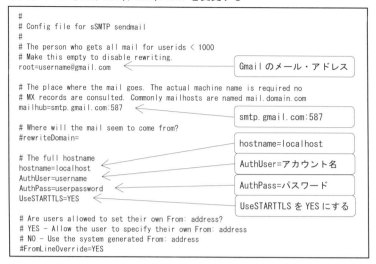

✓ 成功したらすぐにメールが届くはず

mail コマンドを終了したら，メールが来ているかどうかチェックします．うまく送信されない場合は/etc/ssmtp/ssmtp.conf がリスト3-15 のようになっているかチェックします（タイプ・ミスに注意）．また，/var/log/mail.log にエラーのログがあるのでそれもチェックします．

✓ テキスト・ファイルをメールで送る方法

さて，本節の目標は FFT の結果をサイトの管理人にメールすることです．前節で得られた fft.txt をウェブ・サイトの管理人に送ってみます．以下のようにコマンドを打ちます．

cat fft.txt | mail -s "FFT from ZYBO" username@userdomain.com

これにより fft.txt の内容が mail コマンドの本文になります．あて先はサイトの管理人，CC はなし，題目は"FFT from ZYBO"になって届きます．

3.7 シェル・スクリプトでコマンドとアプリをぐるぐる回して実行

シェル・スクリプトとは，Linux のコマンドやアプリケーションを，キーボードから入力するかわりにファイルに記述したものです．while 文なども使えるため，複数のコマンドやアプリケーションを自動的に繰り返すことができます．また C 言語などとは違い，コンパイルは必要ありません．

アプリケーションやコマンドを繰り返すシェル・スクリプト

シェル・スクリプトの名前を gethttpsendmail として，例えばリスト3-16 のように記述します．最初に#!/bin/sh がありますが，シェル・スクリプトは基本的にこの行で始まります．
while 文の中には前節までに行ったアプリケーションやコマンドが並んでいます．

1. ウェブ・サイトから IIR フィルタの係数をダウンロードするアプリケーション
2. IIR フィルタの係数を PL 部に送るアプリケーション
3. PL 部から IIR フィルタの出力を受け取るアプリケーション
4. IIR フィルタの出力を FFT するアプリケーション
5. FFT の結果をメールで送るコマンド

155

第3部 Linux編／第3章 ネットに繋がるFPGA！ZYBOで作る遠隔操作システム

リスト3-16 シェル・スクリプト gethtmlsendmail （付属CD-ROMに収録）

```
#!/bin/sh
i=1
while [ "$i" -le 24 ]          ◄────  24回繰り返す
do
  ./httpclient digitalfilter.com /zybobook/iircoeff01.html
  ./putfiltercoeff                                            アプリケーシ
  ./readfifo                                                  ョンとコマン
  ./calcfft                                                   ドを繰り返す
  cat fft.txt | mail -s "FFT from ZYBO" username@userdomain.com
  sleep 3600            ◄────  1時間スリープ
  i=`expr "$i" + 1`
done
```

✓　シェル・スクリプトに実行属性を加えてから実行

リスト3-16のように記述したら保存します．そのままでは実行できないので，以下のように実行属性（+x）を加えます．

　　chmod +x gethttpsendmail

その後，以下のように実行します．

　　./gethttpsendmail

すると上記1~5の所作が順に行われます．最初にウェブ・サイトからIIRフィルタの係数をダウンロードし，最後ににFFTの結果をサイトの管理人に送っています．つまり「あなたのサイトにある係数を使ったらウチではこんな結果になったよ」ということです．

✓　次回のFFTでは3kHzが消えているはず

図3-1のように管理人はメールを読んで，もし3kHzにノイズが乗っていたら3kHzのノッチ・フィルタの係数を導出し，ウェブ・サイトにある係数を更新します．

メールを送った後にsleep 3600があるので1時間後，ZYBOは新しい係数をダウンロードしIIRフィルタに渡します．そのときには3kHzのノイズは消えているはずです．

✓　ZYBOを遠隔操作してノイズを消すシステムの完成

「遠隔地にZYBOがあり，そのノイズ帯域が時々刻々と変わる」，また「遠隔地に複数のZYBOがあり，それぞれ固有のノイズ帯域を持っている」という状況でも，以上のようなステップで対応できることが分かります．

✓　Linuxを載せられるSoC FPGAなら簡単に遠隔操作システムが作れる！

シェル・スクリプト内のwhile文を繰り返すごとにiの値が1増加し，それが24を超えたら終了，すなわち1日間,24回繰り返して終了です．このようにすればZYBOは自動的にループを繰り返し，丸1日間そこに人が張り付く必要はありません．

また管理人の方もメールを読んでウェブ・サイトを更新するだけです．自宅サーバを立てる必要もなく，セキュリティ対策も最低限のもので済むと思います．

第 3 部 Linux 編

第4章　Linux の GUI でロジックの動作検証 — ZYBO で作るジェネレータ&ロジアナ

●本章で使用する Vivado
Vivado WebPACK 2014.1

本章では，PS 部が PL 部にある IIR フィルタにテスト・データを送り，その出力を受け取って検証するシステムを紹介します（図 4-1）．

4.1　Linux の GUI からロジックにアクセスできるメリットを活かす

PL 部に実装された IIR フィルタは，通常，A-D コンバータからのデータをフィルタリングして D-A コンバータに渡します．

ここで，図 4-2 のように PS 部からテスト・データを入力し，それをフィルタリングした結果を PS 部に送り返して検証するといったシステムを考えます．

✓　PL 部のロジックを検証するアプリケーションを作る

本章では，以下の三つのアプリケーションを作成します．

① 　PL 部の IIR フィルタに入力データを与え，その出力データを受け取るアプリケーション
② 　出力データをロジック・アナライザ風に描画するアプリケーション
③ 　PS 部（C 言語）で行う IIR フィルタと PL 部（HDL）で行う IIR フィルタの出力同士を比較するアプリケーション

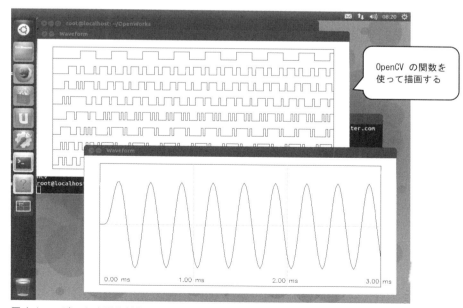

図 4-1　ロジックを動作検証している様子（IIR フィルタの出力を見ている）

第3部 Linux編／第4章 LinuxのGUIでロジックの動作検証－ZYBOで作るジェネレータ＆ロジアナ

✓ **適当なサイン波を入力して出力の減衰量を見る**

PS部はサイン波をサンプリングしたデータを用意し（**リスト4-2**に一例），PL部のIIRフィルタに与えます．

サイン波の周波数を変えながらその出力の振幅を検証すれば，周波数特性が分かります．また，白色雑音を与えて，その結果をFFTして周波数特性を測る方法もあります．

✓ **LinuxのGUIを活用して波形を描画する**

出力データを**図4-1**のようにロジック・アナライザ風に描画することもできます．同図ではアナログ風にもプロットしており，こうすれば振幅の大小やノイズが分かりやすくなります．描画にはOpenCV（第3部 Appendix 参照）を使用します．

✓ **C言語のIIRフィルタとHDLのIIRフィルタの出力を比較する**

フィルタリングはC言語でも行うことができます．PS部でそれを行いPL部（HDL）と比較します．入力データと係数がいっしょなら結果は同じになるので，ロジックの動作検証に使えます．

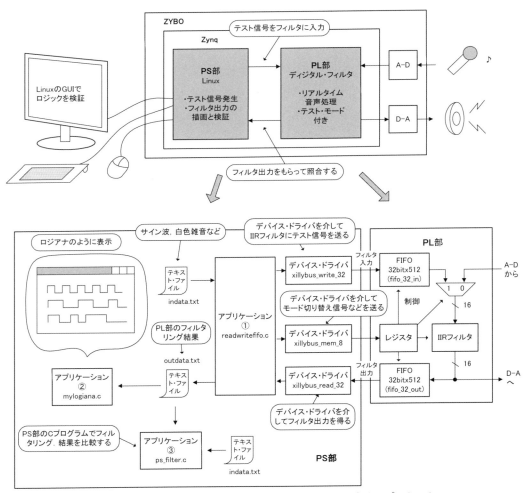

図4-2　「LinuxのGUIでロジックを検証できる」というメリットを活用するアプリケーション

表4-1 レジスタ0x00番地のビット割り当て（すべて書き込みのみ）

ビット番号	名前	機能
0 (LSB)	TestMode	セレクタの切り替え. 1でFIFOから入力
1	TestRead	fifo_32_inからの読み出しイネーブル
2	TestWrite	fifo_32_outへの書き込みイネーブル
3	TestReset	IIRフィルタをリセットする

リスト4-1 IIRフィルタの入出力がFIFOに繋がっている（xillydemo.v, 一部, 付属CD-ROMに収録）

```
always @(posedge bus_clk)
  begin
    if (user_w_mem_8_wren) begin                      ← レジスタ0x00番地
      if (user_mem_8_addr == 0) begin
        TestMode  <= user_w_mem_8_data[0];
        TestRead  <= user_w_mem_8_data[1];
        TestWrite <= user_w_mem_8_data[2];
        TestReset <= user_w_mem_8_data[3];
      end
    end
  end

assign filter_wren = (LRCLK_edge == 1'b1 && TestWrite == 1'b1)? 1'b1 : 1'b0;   ← LRCLKの立ち上がりで書き込む

assign filter_rden = (LRCLK_edge == 1'b1 && TestRead == 1'b1)? 1'b1 : 1'b0;    ← LRCLKの立ち上がりで読み出す

assign RST_N = ! TestReset_edge;                     ← IIRフィルタをリセットする

assign filterIn = (TestMode == 1'b1)? fromFIFO[15:0] : fromSP;    ← IIRフィルタの入力切り替え

// 32-bit FIFO to write IIR filter input
fifo_32x512 fifo_32_in
  (
  .clk(bus_clk),
  .srst(!user_w_write_32_open),
  .din(user_w_write_32_data),
  .wr_en(user_w_write_32_wren),
  .rd_en(filter_rden), // Read enable from IIR filter         ← IIRフィルタに入力データを送るFIFO
  .dout(fromFIFO), // Data from FIFO to IIR filter
  .full(user_w_write_32_full),
  .empty() // do not use empty
  );

// 32-bit FIFO to read IIR filter output
fifo_32x512 fifo_32_out
  (
  .clk(bus_clk),
  .srst( !user_r_read_32_open),
  .din({16'h0000, filterOut}), // Data from IIR filter to FIFO
  .wr_en(filter_wren), // Write enable from IIR filter         ← IIRフィルタの出力データをもらうFIFO
  .rd_en(user_r_read_32_rden),
  .dout(user_r_read_32_data),
  .full(), // do not use full
  .empty(user_r_read_32_empty)
  );

MuxIir iir_I(
  .RST_N(RST_N),
  .MCLK(audio_mclk),
  .FSCLK(audio_adc_lrclk_dly),
  .A0(16'b0000000111101011),
  .A1(16'b0000001111010111),            ← カットオフ周波数3kHzのLPF
  .A2(16'b0000000111101011),
  .B1(16'b0101110100001000),
  .B2(16'b1101101101001001),
  .XIN(filterIn),
  .YOUT(filterOut)
  );
                                        ← B1, B2は符号反転してある（第3部第3章図3-7参照）
```

4.2 PL部にセレクタを設けてIIRフィルタにテスト信号を入力

まずはXillinuxのFPGAコンフィグレーションに「IIRフィルタ」を追加します．付属CD-ROMのREADME3-4の手順に従ってxillydemo.vを変更してください．

変更の後，Bitストリーム（xillydemo.bit）を生成し，microSDカードの同ファイルと置き換えます[1]．

✓ **PS部はPL部のレジスタにアクセスしてセレクタやFIFOを操作する**

リスト4-1（前ページ）はxillydemo.vの一部です．

上の方はレジスタ・インターフェースで，xillybus_mem_8を介してレジスタ・ライトができるようになっています．レジスタは1個（0x00番地）だけであり，表4-1（前ページ）のようにビットが割り当てられています．

✓ **FIFOはIIRフィルタの入力側と出力側に二つある**

同リストにはFIFOが2個あり，fifo_32_inにはIIRフィルタに入力されるテスト・データが入ります．fifo_32_outにはIIRフィルタの出力データが入ります．

✓ **PS部はまずfifo_32_inに書いてフルにする**

PS部はデバイス・ドライバxillybus_write_32を介してfifo_32_inにデータを送ります．詳しくはリスト4-3のreadwritefifo.cを参照してください．

✓ **TestModeを1にするとセレクタはfifo_32_inを選択する**

PS部はデバイス・ドライバxillybus_mem_8を介してレジスタを書きます．

図4-3のようにTestModeを1にするとセレクタでFIFO側が選択され，IIRフィルタの入力となります．

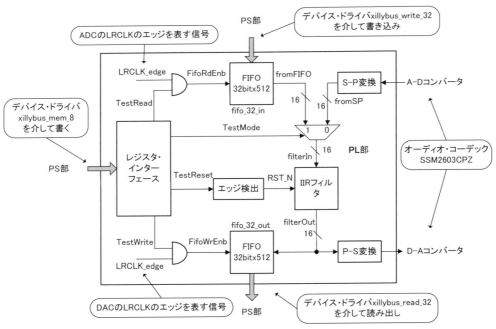

図4-3 PL部にセレクタを設けてIIRにテスト信号を入力しその出力を見る

---

[1] 付属CD-ROMにあるxillidemo.bitをmicroSDカードにコピーしてもよい．

✓ **TestRead を 1 にすると fifo_32_in の読み出しデータが IIR フィルタに入力される**

その後，PS 部が TestRead を 1 にすると fifo_32_in の読み出しが有効になり，そのデータが IIR フィルタに入力されます．TestRead は図 4-3 のように LRCLK_edge と AND がとられているため，LRCLK 1 回（1 サンプリング周期）につき 1 個ずつ，計 512 個のデータが IIR フィルタに入力されます．

✓ **TestWrite を 1 にすると IIR フィルタの出力は fifo_32_out に書き込まれる**

同時に PS 部は TestWrite も 1 にします．すると fifo_32_out の書き込みが有効になり，IIR フィルタの出力データが書き込まれます．LRCLK 1 回につき 1 個ずつ，計 512 個のデータが fifo_32_out に書き込まれます．

✓ **PS 部は fifo_32_out を読んで空にする**

最後に PS 部はデバイス・ドライバ xillybus_read_32 を介して fifo_32_out からデータを受け取ります．詳しくは次節の readwritefifo.c を参照してください．

また，テスト・モードに入る際は TestReset をいったん 1 にして，IIR フィルタのレジスタをリセットする必要があります．

4.3　PS 部はパターン・ジェネレータ，IIR フィルタにテスト信号を入力

図 4-2 では三つのアプリケーションがありますが，まずは①の readwritefifo.c から説明します．

✓ **16bit で量子化された入力データのファイルを読む**

図 4-2 においてアプリケーション readwritefifo.c はテキスト・ファイルに書かれたデータ，例えばリスト 4-2（sin3k.txt）のような 3kHz のサイン波を読みます．

PL 部にある IIR フィルタは 16bit 入力なので，同リストでは符号付き 16bit で量子化されています．

✓ **デバイス・ドライバはデータを Byte 単位で扱う**

リスト 4-3 のように，まず TxtLoad 関数で sin3k.txt を読みに行き，そこに書かれたデータ 512 個を配列 inWave（short 型，16bit）に格納します．その後，同リストのように 1Byte ずつ配列 buf（unsigned char 型，8bit）に移します．

リスト 4-2　PL 部に送るサイン波のデータ（sin3k.txt）

```
0
12539
23170
30273
32767
30273
23170
12539
0
-12539
-23170
-30273
-32767
-30273
-23170
-12539
0
12539
  :
```

48kHz でサンプリングされた 3kHz のサイン波．符号付き 16bit で量子化してある

第3部 Linux編／第4章 LinuxのGUIでロジックの動作検証－ZYBOで作るジェネレータ＆ロジアナ

リスト4-3 FIFOを読み書きするアプリケーション（readwritefifo.c，一部，付属CD-ROMに収録）

```
TxtLoad(input_file, inWave);                    ← 入力ファイル（sin3k.txtなど）を読んでinWaveに入れる

for(i = 0; i < WAVEN; i++) {
  buf[i*4+0] = (unsigned char)(0xFF & inWave[i]);
  buf[i*4+1] = (unsigned char)(0xFF & (inWave[i] >> 8));
  buf[i*4+2] = 0;                               ← 1Byteずつbufに格納する．WAVEN=512
  buf[i*4+3] = 0;
  printf("buf[%d] = %d\n", i, inWave[i]);
}

allwrite(fdffw, buf, WAVEN*4);                  ← fdffwはxillybus_write_32のハンドル．WAVEN=512
sleep(1);

FifoCtrlWrite(fdw, 0x09); // TestMode, TestReset    ← fdwはxillybus_mem_8のハンド
FifoCtrlWrite(fdw, 0x07); // TestMode, TestRead, TestWrite   ル．PL部のレジスタが書かれる
sleep(1);
FifoCtrlWrite(fdw, 0x00);                       ← 通常モードに戻す

allread(fdffr, buf, WAVEN*4);                   ← fdffrはxillybus_read_32のハンドル．WAVEN=512

for(i = 0; i < WAVEN; i++) {
  tmplong = buf[i*4+0];
  tmplong += (buf[i*4+1] << 8);
  if(tmplong < 32768) outWave[i] = (short)(tmplong);   ← バイトごとに分離されたデータを繋げて16bitデー
  else outWave[i] = (short)(tmplong - 65536);         タにする．WAVEN=512
  printf("buf[%d] = %d\n", i, outWave[i]);
}

TxtSave("outwave.txt", outWave);                ← outWaveのデータをファイルに落とす
```

✓ FIFOは32bit幅…下位16bitにデータを入れる

次にデバイス・ドライバ <u>xillybus_write_32</u> を介して fifo_32_in に書き込みます．FIFOは32bit ×512なので，下位2Byteにに inWave[i]，上位2Byteは0で埋めたデータが512個書き込まれます．

✓ 8bitメモリ・アクセスのドライバでレジスタ制御

その後PS部は同リストのように，<u>別の</u>デバイス・ドライバ <u>xillybus_mem_8</u> を介してPL部のレジスタ（0x00番地）を制御します．まず TestMode=1 としてセレクタを FIFO 側に切り替え，TestReset=1 として IIR フィルタをリセットします．

✓ PL部がFIFOに書いている間，PS部は何もしない

その後 TestRead=1 とすると fifo_32_in からのデータは IIR フィルタに流れ込みます．同時に TestWrite=1 としているので IIR フィルタの出力は fifo_32_out にため込まれます．その間 PS 部は同リストのように sleep 関数で1秒待ちます．

✓ PS部がFIFOを読んでいる間，PL部はFIFOには書かない

その後 PS 部はセレクタを元に戻して通常モードにし，今度は <u>xillybus_read_32</u> を介して fifo_32_out を読みに行き，512個データを読みます．このとき，PL部は fifo_32_out にアクセスしません．通常モードなので普通にA-Dからのデータを処理してD-Aに流しています．

✓ 入力と出力の振幅を比較する

デバイス・ドライバはデータを Byte 単位で扱うので，それらを繋げて16bitのデータとし，配列 outWave に格納します．

データは512個あり，それらはファイル（outwave.txt）に落とされます．

✓ C言語ソースのコンパイルと実行

make コマンドでコンパイルします．なお，make には Makefile が必要になります．付属CD-ROM の app3-4 にある同ファイルを参考にしてください．

162

リスト4-4 PL部から送られてきたデータ (outwave.txt)

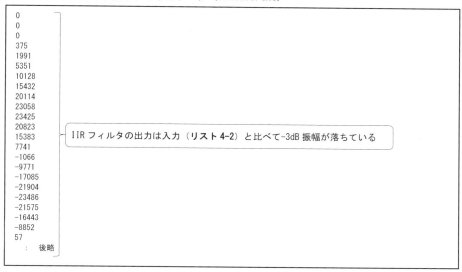

その後以下のように実行します．

./readwritefifo sin3k.txt

するとoutwave.txtが生成されます．リスト4-4はその一例で，入力（リスト4-2）より若干減衰しています．このIIRフィルタの係数はカットオフ周波数3kHzのLPFであり，3kHzを入力すると－3dB減衰するからです．

4.4　PS部はロジアナ，IIRフィルタの出力を描画

ここでは図4-2の三つのアプリケーションのうち，②のmylogiana.cについて説明します．

✓　OpenCVの関数を使ってロジック・アナライザのように描画

PL部のIIRフィルタ出力はPS部に送られ，そのデータはoutdata.txtに書かれています．mylogiana.cというアプリケーションではそのファイルを読んでロジック・アナライザ風に描画します．描画にはOpenCV（第3部 Appendix）を使用します．リスト4-5を見ると，関数名に"cv"の付くものがいくつかありますが，それらがOpenCVの関数です．

✓　データ・ファイルを読んでその2進値を描画する

同リストではTxtLoad関数でoutdata.txtを読みに行きます．データは512個，配列outWaveに格納されます．

そしてoutWaveの配列要素512個をDrawOneDiv関数により2進値で画像領域に示し，ロジック・アナライザ風に描画します．

その後，画像領域を貼り付けたウィンドウを生成します．

✓　FPGA内部ロジックの動きが手に取るように分かる

OpenCVを使っているのでコンパイルは以下のように行います．pkg ～ opencvを囲んでいるキャラクタ（``）はクォーテーション・マークではなく，バッククォートです．

gcc `pkg-config --cflags opencv` mylogiana.c -o mylogiana `pkg-config --libs opencv`

第 3 部 Linux 編／第 4 章 Linux の GUI でロジックの動作検証―ZYBO で作るジェネレータ＆ロジアナ

リスト 4-5　ロジック・アナライザ風に描画するアプリ（mylogiana.c, 一部, 付属 CD-ROM に収録）

```
int main (int argc, char **argv)
{
  int i;
  unsigned long outWave[WAVEN];
  IplImage *hist_img;
  int val, valp1;

  hist_img = cvCreateImage (cvSize (800, 360), 8, 1);

  cvSet (hist_img, cvScalarAll (255), 0);
  cvRectangle (hist_img,                          ┐ 画像領域を作成し
              cvPoint (OFTX, OFTY),               │ て四角形を描く
              cvPoint (OFTX+SCALEX, OFTY+SCALEY), │
              cvScalarAll (0), 1, 8, 0);          ┘

  TxtLoad("outwave.txt", outWave);  ←  outwave.txt を読んで outWave に入れる

  for(i = 0; i < 500; i++) {
    if(STEPX*i < SCALEX) {
      val = (int)(0xFF & (outWave[i] >> 8));   ←  上位 8bit を val に入れる
      valp1 = (int)(0xFF & (outWave[i+1] >> 8));
      DrawOneDiv(hist_img, OFTX+STEPX*i, OFTY+0, val, valp1, STEPX);
    }                             ←  val を 2 進値で描画する
  }

  cvNamedWindow ("Waveform", CV_WINDOW_AUTOSIZE);
  cvShowImage ("Waveform", hist_img);
  cvWaitKey (0);

  cvDestroyWindow ("Waveform");
  cvReleaseImage (&hist_img);

  return 0;
}
```

その後以下のように実行します.

```
./mylogiana
```

アプリケーションの実行結果は**図 4-1** の上側のようになります. 上位 8bit だけを表示しています
が, 下位 8bit を見たい場合は**リスト 4-5** の「>> 8」の部分を「>> 0」に変更します. また DrawOneDiv
のかわりに DrawOneDivAna 関数を使用すると**図 4-1** の下側のようなアナログ的なグラフ表示にな
り, サイン波の振幅やノイズの有無などが分かりやすくなります.

✓　A-D/D-A 周りの信号を見たい場合はそれらを FIFO に繋げばよい

リスト 4-1 の xillydemo.v（PL 部のトップ・モジュール）では IIR フィルタの出力が FIFO に書き
込まれるようになっていましたが, **リスト 4-6** のように変更すると A-D/D-A コンバータの入出力を
見ることができます（**図 4-4**）.

このように PS 部がロジック・アナライザとなって, PL 部内ロジックの任意の信号をモニタでき
ることが分かります.

4.5　C 言語の IIR フィルタと HDL の IIR フィルタの結果を比較

C 言語で IIR フィルタを記述して PS 部に置くこともできます. **図 4-2** の三つのアプリケーション
のうちの③の ps_filter.c について説明します.

✓　PS 部は PL 部と同じデータをフィルタに入力する

リスト 4-7 にソース・コードの一部を示します. 最初に入力データを読みに行きます（TxtLoad 関
数）. このデータは前節で PL 部の FIFO に送り込んだものと同じです.

164

リスト4-6 A-D/D-Aコンバータの信号をFIFOに繋いでみる（xillydemo.v）

```
assign filter_wren = (counter0[1:0] == 2'b00 && TestWrite == 1'b1)? 1'b1 : 1'b0;

assign logianaIn = {27'b000000000000000000000000000,
    audio_dac, audio_dac_lrclk, audio_adc, audio_adc_lrclk, audio_bclk};

    always @(posedge bus_clk)
    begin
        begin
            counter0 <= counter0 + 1;
        end
    end

// 32-bit FIFO to read A-D/D-A interface
fifo_32x512 fifo_32_out
  (
   .clk(bus_clk),
   .srst( !user_r_read_32_open),
   .din(logianaIn), // Data from A-D/D-A
   .wr_en(filter_wren), // Write enable from counter0
   .rd_en(user_r_read_32_rden),
   .dout(user_r_read_32_data),
   .full(), // do not use full
   .empty(user_r_read_32_empty)
  );
```

- counter0の下位2bitが"00"のときだけデータを書く（bus_clkの4倍の周期）
- bus_clkを勘定するカウンタ
- D-Aのデータ，LRCLK，A-Dのデータ，LRCLK，BCLKをモニタする
- A-D/D-Aインターフェース信号をもらうFIFO

✓ IIRフィルタの係数も同じものを使う

次にIIRフィルタの係数を決定しています．カットオフ周波数3kHzのLPFです．これもPL部で使用したもの（リスト4-1）と同じ値です．

なお，第3部第3章図3-7に示すように，フィードバック側の係数（b1，b2）は反転させる必要があるので，リスト4-1，リスト4-7ではそうしています．

✓ 整数演算なのでC言語でもHDLでも同じ結果になる

入力データは512個，for文で次々とIIRフィルタに送り込まれ，積和演算されます．フィルタリング結果も512個あり，それらは出力ファイル（ps_waveout.txt）に書き込まれます．

✓ PS部とPL部，フィルタリング結果がいっしょになることを確認

makeでコンパイルした後，以下のように実行します．

    ./ps_filter sin3k.txt

アプリケーションが終了したらps_outwave.txtというファイルが出来ているので，Terminal上で

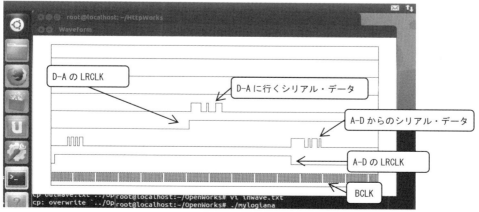

図4-4 A-D/D-Aコンバータのシリアル・データを見る

リスト4-7 C言語でIIRフィルタを実行するアプリ (ps_filter.c, 一部, 付属CD-ROMに収録)

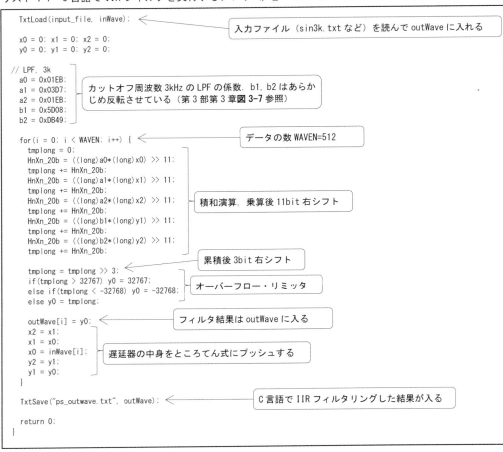

次のようにタイプして二つのテキストを比較します．

```
diff outwave.txt ps_outwave.txt
```

何もリダイレクトされなければ[2]，PL部での結果とPS部での結果が一致したことを意味し，それはHDLで書かれたIIRフィルタが正しく動作していることの証明になります．

---

[2] PL部のIIRフィルタの出力 (outwave.txt) は，PS部のそれ (ps_outwave.txt) と比べて1サンプル遅延している．従って512個のデータのうち，最初の1個と最後の1個は一致しない．

第 3 部 Linux 編

第5章 ドライバの知識がなくても OK − Linux on ZYBO で制御する加速度センサ

●本章で使用する Vivado
Vivado WebPACK 2014.1

「加速度センサ・モジュール」は重力加速度 g（$= 9.8\mathrm{m/s}^2$）を感知するので，それによりボードの傾きを知ることができます．本章では市販の加速度センサ・モジュールを ZYBO に取り付け，Linux からそれを制御します．また，OpenCV の関数で描画することにより，ユーザはその傾き具合を直感的に知ることができます．

5.1　既存のデバイス・ドライバを使って新規のデバイスを制御する

前章までは xillybus_mem_8 というデバイス・ドライバを使用して PL 部に実装された IIR フィルタを制御していました．本章では同じデバイス・ドライバを使って「新規モジュール」を制御します．

✓　ZYBO に加速度センサを取り付けて操作するには…

写真 5-1 は ADXL345 というアナログ・デバイセズの加速度センサ IC が載ったモジュール（秋月電子通商）です．このような新規モジュールを Linux から制御する場合，一般的には新規にデバイス・ドライバを作成する必要があります．

✓　出来れば新規デバイス・ドライバは作りたくない

しかし，デバイス・ドライバの開発には専門的な知識が必要になり，中途半端に作成すると OS がカーネル・パニックを起こすなどシステム全体の不安定要素になり得ます．

✓　「デバイス・ドライバの先の回路」を変更できる SoC FPGA

そこで既存のデバイス・ドライバ xillybus_mem_8 を使い，その先のロジックを変更することを考えます．このようなことができるのはひとえに Zynq が PL 部に FPGA を持っているおかげです．このあたりは Raspberry Pi や BeagleBone Black のような「普通の SoC」にはない，強力な利点だと思います．

写真 5-1　加速度センサ ADXL345 のモジュール

第3部 Linux編／第5章 ドライバの知識がなくてもOK—Linux on ZYBOで制御する加速度センサ

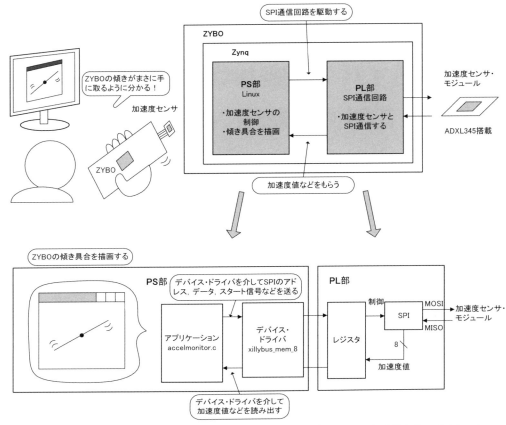

図5-1 「デバイス・ドライバを新規作成する必要がない」というメリットを活用するアプリケーション

✓ ボードの傾きを線で表現してLinux上で描画する

また，ZynqはPS部にARM Cortex-A9を2個持っているのでXillinuxのような本格的なLinuxを載せることができ，それによって図5-1に示すような，傾き具合を表示する直感的なアプリケーションも可能になります．

5.2　加速度センサ・モジュールの使い方

ADXL345はX/Y/Zの3軸加速度センサ・モジュールであり，そのレジスタの読み書きはSPI（Serial Peripheral Interface）通信で行います．

✓ SPI通信でADXL345のレジスタを書く

SPI通信は図5-2のようなフォーマットになります．ADXL345のレジスタに書き込む場合は同図(a)のようにCS_Nを0とし，その直後MOSIをSCLKの1サイクル分0とします．その次のサイクルはMB（Multi Byte）ですが，本稿では常に0（Single Byte）とします．

その後の14サイクルはアドレス6bit，データ8bitをMOSIに送り，CS_Nを1に戻して終了です．

✓ SPI通信でADXL345のレジスタを読む

同図(b)はその読み出しです．最初のサイクルを1とすると読み出しモードになり，その後MB=0，アドレス6bitをMOSIに送ります．

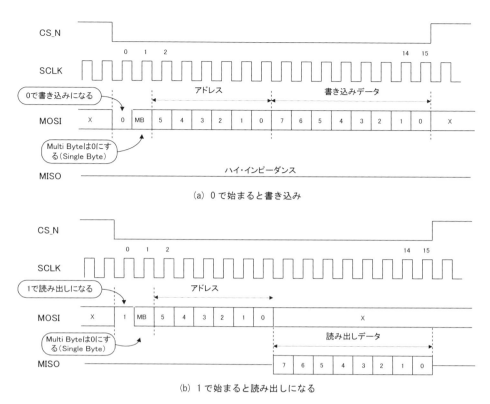

図 5-2　SPI によるレジスタの読み書き

その後は MISO の方から当該アドレスのレジスタ値が出力されます．最後に CS_N を 1 に戻して終わりです．

✓　**4 本の通信線と 3.3V と GND. 配線は 5cm 以内で**

このように ADXL345 との通信は 4 線で行うので，それらを ZYBO に繋ぎ，さらに 3.3V と GND も繋ぎます．

図 5-3 に回路図を示します．配線の長さは 5cm 以内にします．10cm を超えると通信が不安定になると思います[1]．

表 5-1 に ADXL345 の主なレジスタを示します．すべて 8bit のレジスタです．

5.3　PL 部に SPI 通信回路を追加する

まずは，Xillinux の FPGA コンフィグレーションに「SPI 通信回路」を追加します．付属 CD-ROM の README3-5 の手順に従って，HDL ファイルを変更/追加してください．

変更/追加の後，Bit ストリーム（xillydemo.bit）を生成し，microSD カードの同ファイルと置き換えます[2]．

---

[1] 20cm ほどのワイヤで繋ぐとデバイス ID（アドレス 0x00）の値が不定になる（通信が正常ならば常に 0xE5）．SCLK のリンギングで誤動作しているように見受けられる．
[2] 付属 CD-ROM にある xillidemo.bit を microSD カードにコピーしてもよい．

第3部 Linux編／第5章 ドライバの知識がなくてもOK－Linux on ZYBOで制御する加速度センサ

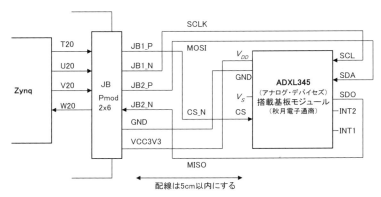

図5-3 JBコネクタを介してZynqとADXL345を繋ぐ

表5-1 ADXL345のレジスタ・マップ（一部）

番地	名前	機能	タイプ
0x00	DEVID	デバイスID（0xE5が読み出される）	R
0x2D	POWER_CTL	bit[3] = 1で測定モード	R/W
0x31	DATA_FORMAT	bit[1:0]でRANGE選択．デフォルト00（±2g）	R/W
0x32	DATAX0	X軸データの下位バイト	R
0x33	DATAX1	X軸データの上位バイト	R
0x34	DATAY0	Y軸データの下位バイト	R
0x35	DATAY1	Y軸データの上位バイト	R
0x36	DATAZ0	Z軸データの下位バイト	R
0x37	DATAZ1	Z軸データの上位バイト	R

✓ PS部はレジスタを読み書きしてSPI通信回路を操作する

リスト5-1はxillydemo.vの一部です．上の方はレジスタ・インターフェースで，xillybus_mem_8を介してレジスタの読み書きができるようになっています．レジスタは表5-2に示すように4個あります．

PS部はまずSPIのアドレス（Addr）を0x00に，SPIのデータ（wData）を0x01に書きます．その後0x02のbit0（StartX）に1を書き込むとSPI通信がスタートします．

✓ SPI通信の読み出しデータは0x03（rData）に入っている

SPI通信がもし書き込みモードなら，加速度センサの当該アドレスにデータが書き込まれます．もしSPI通信が読み出しモードなら，当該アドレスのデータは0x03（rData）に格納されており，PS部はそれを読むことで加速度値などを得られます．

✓ SPI通信の送信側はパラレル－シリアル変換回路

リスト5-1の下の方にSPI通信回路があります．P_Sはパラレル－シリアル変換回路で，SPI通信の送信側を司ります．この回路ではAddrとwDataをシリアル・データ（MOSI）にして加速度センサに出力するためのものです．またSPI通信に必要なCS_NやSCLKも生成します．

表5-2 PL部のレジスタ・マップ

番地	名前	機能	Type
0x00	Addr	SPI通信のアドレス	W
0x01	wData	SPI通信の書き込みデータ	W
0x02	StartX	SPI通信スタート信号	W
0x03	rData	SPI通信の読み出しデータ	R

リスト5-1 Vivadoプロジェクトのトップ・モジュール（xillydemo.v, 一部, 付属CD-ROMに収録）

✓ SPI通信の受信側はシリアル - パラレル変換回路

S_Pはシリアル - パラレル変換回路で，SPI通信の受信側を担当します．加速度センサから入力されるシリアル・データ（MISO）をパラレルに変換してrDataレジスタに渡すための回路です．

5.4 PS部から加速度センサ・モジュールを読み書きする

PS部はADXL345のレジスタを直接ではなく，間接的に読み書きします．図5-4に示すように，PL部にあるレジスタをデバイス・ドライバxillybus_mem_8で操作しSPI通信回路を駆動します．

✓ PL部のレジスタを読み書きする関数

WritePL関数はリスト5-2のようにデバイス・ドライバxillybus_mem_8を介してPL部にあるレジスタに書き込みます．

また，ReadPL関数は同リストのようにデバイス・ドライバxillybus_mem_8を介してPL部あるレジスタを読み出します．

✓ ADXL345のレジスタを書く関数

SpiWrite関数はSPI通信回路を駆動して，ADXL345のレジスタを書く関数です．PL部のAddr（0x00番地）にSPI通信のアドレス，wData（0x01番地）にSPI通信のライト・データを書きます．次にPL部のStartX（0x02番地）に1を書いて，SPI通信のスタート・フラグをセットします．

第3部 Linux編／第5章 ドライバの知識がなくてもOK―Linux on ZYBOで制御する加速度センサ

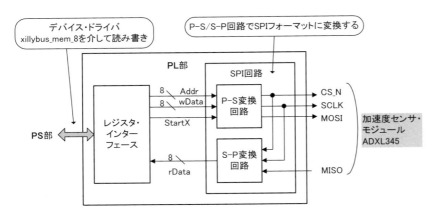

図5-4 PL部にSPI回路を作り込む

これにより MOSI に ADXL345 に Addr と wData がシリアルに出力されます．適当なインターバルの後，StartX をクリアして SPI 通信の書き込みは終了です．

✓ ADXL345 のレジスタを読む関数

SpiRead 関数は SPI 通信により ADXL345 のレジスタを読む関数です．PL部の Addr（0x00 番地）に SPI 通信のアドレスを書きますが，このときビット7を1とすれば SPI 通信は読み出しモードになります．

次に wData（0x01 番地）に SPI 通信のライト・データを書きますが，この場合読み出しモードなので任意の値でかまいません．そして PL 部の StartX（0x02 番地）に1を書いて，SPI 通信のスタート・フラグをセットします．これにより MOSI から ADXL345 にアドレスがシリアルに出力され，続いて MISO の方にリード・データが入力されます．

MISO から入って来るデータはパラレルにされて PL 部の rData（0x03 番地）に入っているので，PS 部はそれを読んだ後，StartX をクリアして SPI 通信の読み出しは終了です．

✓ ADXL345 の X 軸が ZYBO の Z 軸に相当する

GetAccelData 関数は ADXL345 の X 軸方向の加速度値を読みに行く関数です．加速度センサ・モジュールは**写真 5-2** のように取り付けてあり，ADXL345 の X 軸の値が ZYBO の Z 軸（垂直方向）の値に相当するからです．この関数内では SPI 通信でアドレス 0x00（デバイス ID）を読んだ後，アドレス 0x32（X 軸の値の下位バイト），0x33（同上位バイト）を読んでいます．

✓ 角度の計算法

ZYBO が**図 5-5** のように角度 θ 傾いているときを考えます．このときの垂直方向の加速度値は $g\cos\theta$ であり，このときの Z 軸の値を z_1 とします．そして基板が傾いていないとき，すなわち Z 軸加速度 g（$= 9.8\mathrm{m/s^2}$）のときの値を z_0 とします．その場合，$\cos\theta = z_1/z_0$ になります．ADXL345 では加速度 g のときの値が 256 であることから，$\theta = \mathrm{acos}(z_1/256)$ で角度が求まります．

✓ OpenCV を使って傾き具合を描画する

リスト 5-2 の main 関数内では上述の方法で $\cos\theta$ と $\sin\theta$ を求め，ZYBO を一本の線に見立ててその傾き具合を描画しています．"cv"の付く関数は OpenCV の関数で，画像領域，ウィンドウの生成，描画などを行います．

PS 部から加速度センサ・モジュールを読み書きする

リスト 5-2　加速度値を読んで描画するアプリケーション（accelmonitor.c，一部）

```c
void WritePL(int fd, unsigned char addr, unsigned char data) {          ← PL 部にあるレジスタを書く関数
  if (lseek(fd, addr, SEEK_SET) < 0) {
    perror("Failed to seek");
    exit(1);
  }
  allwrite(fd, &data, 1);
}

unsigned char ReadPL(int fd, unsigned char addr) {                      ← PL 部にあるレジスタを読む関数
  unsigned char data;
  if (lseek(fd, addr, SEEK_SET) < 0) {
    perror("Failed to seek");
    exit(1);
  }

  allread(fd, &data, 1);
  return data;
}

void SpiWrite(unsigned char addr, unsigned char data) {                 ← SPI 通信回路を書き込みモードで駆動
  WritePL(fdw, 0x00, addr);  // SPI address
  WritePL(fdw, 0x01, data);  // SPI write data
  WritePL(fdw, 0x02, 0x01);  // SPI start flag set
  _wait(30000);
  WritePL(fdw, 0x02, 0x00);  // SPI start flag clear
  _wait(30000);
}

unsigned char SpiRead(unsigned char addr) {                             ← SPI 通信回路を読み出しモードで駆動
  unsigned char res;
  unsigned char readaddr;

  readaddr = 0x80 + addr;                                               ← ビット 7 を 1 にする
  WritePL(fdw, 0x00, readaddr); // SPI address
  WritePL(fdw, 0x01, 0xFF);     // SPI dummy write data
  WritePL(fdw, 0x02, 0x01);     // SPI start flag set
  _wait(30000);
  WritePL(fdw, 0x02, 0x00);     // SPI start flag clear
  res = ReadPL(fdr, 0x03);      // SPI read data
  _wait(30000);

  return res;
}

int GetAccelData() {                         ← Z 軸の加速度値を読む関数
  int res;
  unsigned char devid;
  unsigned char zdata_h;
  unsigned char zdata_l;
  unsigned short tmpshort;

  devid = SpiRead(0x00);   // Read Device ID
  printf("id = %02X¥n", devid);

  zdata_l = SpiRead(0x32); // Read X-axis value (low)
  printf("lval = %02X¥n", zdata_l);                          ← 加速度センサの X 軸が ZYBO の Z 軸に相当する

  zdata_h = SpiRead(0x33); // Read X-axis value (high)
  printf("hval = %02X¥n", zdata_h);

  tmpshort = ((unsigned short)(zdata_h) << 8) + (unsigned short)(zdata_l);   ← 上位バイトと下位バイトを結合
  if(tmpshort < 32768) res = (int)(tmpshort);
  else res = (int)(tmpshort) - 65536;

  return res;
}

int main (int argc, char **argv) {                  ← レンジの設定
  :  中略
  SpiWrite(0x31, 0x00); // Range is 2g
  SpiWrite(0x2d, 0x08); // Start measurement         ← 測定開始

  while(1) {
    cvRectangle (hist_img, cvPoint (OFTX, OFTY), cvPoint (OFTX+FLAMEX, OFTY+FLAMEY), CV_RGB(255, 255, 255), CV_FILLED, 8, 0);

    val = GetAccelData();                            ← Z 軸の加速度値を得る

    if(val > 256) val = 256;
    if(val < -256) val = -256;
    theta = acos(val/256.0);                         ← サインとコサインの値を計算
    x = (int)(ZYBOX * cos(theta));
    y = (int)(ZYBOY * sin(theta));

    cvLine (hist_img, cvPoint (SetX(x), SetY(y)), cvPoint (SetX(-x), SetY(-y)), cvScalarAll (0), 5, 8, 0);

    cvShowImage ("Waveform", hist_img);
    if(cvWaitKey(1)>=0) break;                       ← ラインの傾きを ZYBO と連動させる
  }
  :  中略
  return 0;
}
```

173

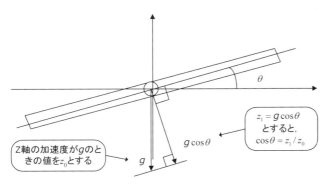

図 5-5 基板の傾き θ を計算するには

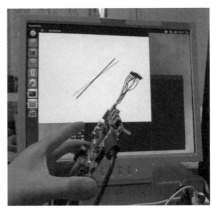

写真 5-2 基板の傾き具合を描画

✓ ZYBO の傾きがビジュアル化されている

C 言語ソースを以下のようにコンパイルします．pkg ～ opencv を囲んでいるキャラクタ（`）はクォーテーション・マークではなく，バッククォートです．

```
gcc `pkg-config --cflags opencv` accelmonitor.c -o accelmonitor `pkg-config --libs opencv`
```

その後以下のように実行します．

```
./accelmonitor
```

写真 5-2 のように画面にラインが 1 本描かれ，ZYBO を傾けてみると同じように傾きます．

✓ デバイス・ドライバを新規作成しなくても済んだ！

このように既存のデバイス・ドライバを使って新規デバイス（加速度センサ）に対応することができました．

ここでは xillybus_mem_8 というデュアル・ポート RAM 用のドライバを使いましたが，xillybus_write_32 や xillybus_read_32 など FIFO 用のドライバもあり，それらを活用すればたいていのデバイスに対応できると思います．

第 3 部 Linux 編

Appendix　OpenCV で画像処理を試す

無償で使える画像処理ライブラリ…OpenCV を使ってみよう

　OpenCV（Open source Computer Vision library）はインテルが開発するオープン・ソースの画像処理ライブラリです．言語は C/C++/Java/Python に対応，無償でダウンロードし使用できます．

- 使えるライブラリはどんどん使って楽をしよう！

　画像処理を行うには複雑なコーディングが必要であり，一から C 言語で開発するのは大変です．しかし，OpenCV を使えば驚くほど簡単に画像処理ができます．

- 静止画でエッジ検出したり，動画で動き検出したりできる

　OpenCV を活用すると，図 A-1(a)のように静止画（JPEG ファイル）をエッジ検出したり，図 A-1(b)のように動画（USB カメラから取り込み）から動き検出することができます．

- YouTube で ZYBO+OpenCV などで検索してみよう！

　図 A-1 の様子は以下のサイトで確認できます．

https://www.youtube.com/watch?v=H9jOZuAtvtw

　動画のタイトルは「ZYBO with Xillinux plus OpenCV」です．ZYBO に Xillinux を載せ，さらに OpenCV をインストールすることにより，USB カメラからの動画を処理することができます．

Xillinux 上に OpenCV をインストールする方法

　Xillinux 上に OpenCV をインストールし，それに含まれる関数を使用してみます．

- 1.8GByte では足りないのでパーティションを広げる

　第 3 部第 1 章で ZYBO ブート用の microSD カードを作成しました．これからそのカードにさまざまなツールやライブラリをインストールするため，まずはパーティションの領域を広げます．

(a) JPEG ファイルの静止画をエッジ検出

(b) USB カメラの動画から動き検出

図 A-1　ZYBO+Linux+OpenCV でこんなことが出来る！

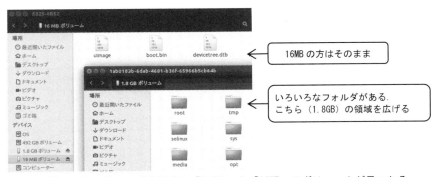

図A-2 PCでmicroSDカードを見ると「1.8GB」と「16MB」のボリュームが見つかる

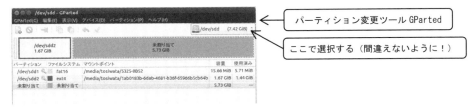

図A-3 microSDカードのドライブを選択

図A-4 「パーティション」→「リサイズ/移動」を選択　　図A-5 領域を最大まで広げる

　microSDカードをZYBOから取り出してPCに挿すと(こちらのOSもLinuxであることが前提)，図A-2のように二つのボリュームが認識されます．これからファイル・システムがある「1.8GB」の方の領域を増やし，OpenCVがインストールできるようにします．Linuxカーネルがある「16MB」の方はこのままでかまいません．

- **PCにパーティション変更ツールGPartedをインストールしてスタート**

　領域を広げるツールをPCにダウンロードします．「Ubuntuソフトウェアセンター」(Ubuntuの場合)で"GParted"を検索してインストールし実行します．図A-3のようにmicroSDカードのドライブを選択します．このとき，誤ってHDDやSSDを変更しないように注意します．

　パーティションが二つ，「15.66MiB」と「1.67GiB」となっているのを確認します．この例ではカードの容量は8GByteなので，まだ6GByte近く余っています．

- **microSDカードの領域を最大で使えるように変更**

　「1.67GiB」の部分をクリックし，メニューの「パーティション」から「リサイズ/移動」を選択します(図A-4)．図A-5のようにサイズを"7000"として［リサイズ］をクリックします(もしカード容量が4GByteなら3000程度)．メニューの「編集」から「保留中の全ての操作を適用する」を選択します(図A-6)．確認のダイアログが現れるので「適用」をクリックします．

Xillinux 上に OpenCV をインストールする方法

図 A-6 「保留中の全ての操作を適用する」を選択

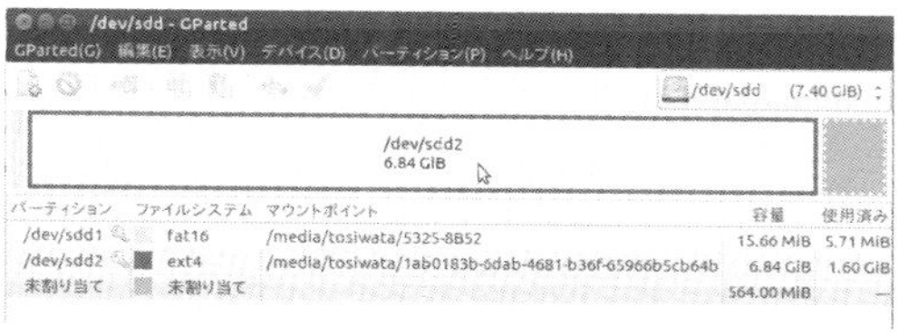

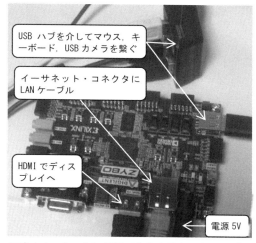

写真 A-1 ネットに接続できるようセットアップ

図 A-7 パーティションが広がった

　数秒で操作が完了し，パーティションは図 A-7 のように「6.84GiB」まで広がりました．これでOpenCV がインストールできるようになります．

✓ ネットに繋いでダウンロード&インストール

　PC から microSD カードを抜き出して ZYBO に挿しかえてブートします．数秒で Xillinux が立ち上がるので "startx" とタイプして，X Window（図 A-1 のような GUI：Graphic User Interface 環境）を起動します．

　これからネットを通してさまざまなツールをダウンロードします．イーサネット・コネクタに LANケーブルを繋ぎます（写真 A-1）．

■ パッケージのアップデートとシステムのアップグレードを行う

　ターミナルを開き，アップデートとアップグレードを行います．

```
sudo apt-get -yV update
sudo apt-get -yV upgrade
```

最初のコマンドは数分で終了，2 番目のコマンドは数十分経つと以下のように開かれます．

```
The default action is to keep your current version.
*** lightdm.conf  (Y/I/N/O/D/Z)  [default=N] ?
```

ここでは何もせず，リターン（または［N］）します．その後は数分で終了するので，シャットダウンしてリブートします．

■ パッケージのダウンロード元設定ファイルの変更

　再び X Window からターミナルを開き，"/etc/apt/sources.list" を開きます．そのファイルの'universe' repository 以下の 4 行がコメントアウトされているので有効にします．

```
## Uncomment the following two lines to add software from the 'universe' repository.
deb http://ports.ubuntu.com/ubuntu-ports/ precise universe
deb-src http://ports.ubuntu.com/ubuntu-ports/ precise universe
deb http://ports.ubuntu.com/ubuntu-ports/ precise-updates universe
deb-src http://ports.ubuntu.com/ubuntu-ports/ precise-updates universe
```

そのファイルを保存した後，再び，

第 3 部 Linux 編／Appendix　OpenCV で画像処理を試す

```
sudo apt-get -yV update
```

としてください[1]．なお，これ以降のステップではコマンドを多数打ち込むことになるので，付属
CD-ROM の opencv ディレクトリにあるテキスト・ファイルからコピー＆ペーストで実行するのを推
奨します．

- **OpenCV に必要なツールやライブラリをインストール**

　その後ターミナルから以下のようにタイプし，ツールやライブラリ類をインストールします．

```
sudo apt-get -yV install build-essential
sudo apt-get -yV install libboost1.46-all-dev
sudo apt-get -yV install libqt4-dev
sudo apt-get -yV install libgtk2.0-dev
sudo apt-get -yV install pkg-config
sudo apt-get -yV install opencl-headers
sudo apt-get -yV install libjpeg-dev
sudo apt-get -yV install libopenjpeg-dev
sudo apt-get -yV install jasper
sudo apt-get -yV install libjasper-dev libjasper-runtime
sudo apt-get -yV install libpng12-dev
sudo apt-get -yV install libpng++-dev libpng3
sudo apt-get -yV install libpnglite-dev libpngwriter0-dev libpngwriter0c2
sudo apt-get -yV install libtiff-dev libtiff-tools pngtools
sudo apt-get -yV install zlib1g-dev zlib1g-dbg
sudo apt-get -yV install v4l2ucp
sudo apt-get -yV install python
sudo apt-get -yV install autoconf
sudo apt-get -yV install libtbb2 libtbb-dev
sudo apt-get -yV install libeigen2-dev
sudo apt-get -yV install cmake
sudo apt-get -yV install openexr
sudo apt-get -yV install gstreamer-plugins-*
sudo apt-get -yV install freeglut3-dev
sudo apt-get -yV install libglui-dev
sudo apt-get -yV install libavc1394-dev libdc1394-22-dev libdc1394-utils
sudo apt-get -yV install libxine-dev
sudo apt-get -yV install libxvidcore-dev
sudo apt-get -yV install libva-dev
sudo apt-get -yV install libssl-dev
sudo apt-get -yV install libv4l-dev
sudo apt-get -yV install libvo-aacenc-dev
sudo apt-get -yV install libvo-amrwbenc-dev
sudo apt-get -yV install libvorbis-dev
sudo apt-get -yV install libvpx-dev
```

- **OpenCV のサイトからソースをダウンロード**

　ここで Firefox ブラウザを開いて以下のサイトに行きます．

```
http://opencv.org/downloads.html
```

　Version 2.4.10 を見つけて「OpenCV for Linux/Mac」をクリックすると OpenCV のソース・コー
ドをダウンロードできます．約 90MByte の ZIP アーカイブです．

---

[1] これをしないと以降のステップで "E: Unable to locate package …（以下，略）" のエラーが頻発してインストールできな
い．

JPEGなどの静止画ファイルを画像処理してみる

- **アーカイブを解凍してビルドして準備完了**

ダウンロードしたファイル（opencv-2.4.10.zip）をダブルクリックで解凍した後，フォルダをルート（Home）ディレクトリに移動します（図 A-8）．その後，ターミナルから以下のようにコマンドを実行します．

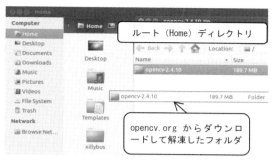

図 A-8 ソースをルート・ディレクトリに移動

```
sudo apt-get -yV build-dep opencv
cd opencv-2.4.10
mkdir build
cd build
cmake ..
make
```

最後の make には 3 時間くらいかかると思います[2]．Built target opencv_stitching と出たら成功です．その後，

```
sudo make install
sudo ldconfig
```

これで OpenCV を使う準備ができました．

JPEGなどの静止画ファイルを画像処理してみる

まずは JPEG ファイルを使って静止画を処理してみます．OpenCV は C/C++/Java/Python といった言語に対応していますが，本書では C 言語で開発します．

- **ワーキング・ディレクトリで C 言語ソースを書いてコンパイル**

ルート（Home）ディレクトリに戻り，ワーキング・ディレクトリを作ります．ターミナルから以下のコマンドをタイプします．

```
cd
mkdir OpenWorks
cd OpenWorks
```

図 A-1(a)のようなエッジ検出をするにはリスト A-1 のようなソースを記述して保存します．ファイル名は edgedetect.c とし，以下のようにコンパイルします[3]．

```
gcc `pkg-config --cflags opencv` edgedetect.c -o edgedetect `pkg-config --libs opencv`
```

- **テスト画像でエッジ検出してみる**

エラーなしで通ると "edgedetect" という実行ファイルが出来ているので以下のように実行します．

```
./edgedetect ../opencv-2.4.10/samples/c/lena.jpg
```

すると図 A-1(a)のようにウィンドウが 2 枚現れ，エッジが検出されています．画像上で何かキーを押すか，ターミナル上で Ctrl+C で終了します．

---

[2] make が 70% 終了したあたりで "c++ Internal compiler error: Killed (program xxx)" というエラー・メッセージでアボートすることが多い．その場合，再度 make すると 70% 付近から再開する．数回繰り返してもだめな場合はリブートしてから試してみるとよい．

[3] pkg～opencv を囲んでいるキャラクタ（`）はクォーテーション・マークではなくバッククォート．

第 3 部 Linux 編／Appendix　OpenCV で画像処理を試す

リスト A-1　静止画エッジ検出のソース（edgedetect.c，付属 CD-ROM に収録）

```c
#include <stdio.h>
#include <cv.h>
#include <highgui.h>

int main (int argc, char *argv[]) {
  IplImage *src, *result;
  char *original = "Original";
  char *canny = "Canny";

  if (argc < 2) {
    printf("Usage: opencvtest imagename\n");       ← 画像ファイルを開く
    return -1;
  }
  if((src = cvLoadImage(argv[1], CV_LOAD_IMAGE_GRAYSCALE)) == 0) {
    printf("Error: Failed to load %s\n", argv[1]);
    return -1;
  }                                                 ← 画像のサイズ，bit 数，チャネル数の指定

  result = cvCreateImage(cvGetSize(src), IPL_DEPTH_8U, 1);
  cvCanny(src, result, 50.0, 200.0, 3);  ←       Canny アルゴリズムでエッジ検出

  cvNamedWindow(original, CV_WINDOW_AUTOSIZE);
  cvNamedWindow(canny, CV_WINDOW_AUTOSIZE);
  cvShowImage(original, src);             ←       ウィンドウを 2 枚開く
  cvShowImage(canny, result);
  cvWaitKey(0);

  cvDestroyWindow(original);
  cvDestroyWindow(canny);                 ←       ウィンドウの破棄
  cvReleaseImage(&src);
  cvReleaseImage(&result);

  return 0;
}
```

- **JPEG をデコードする関数や画像を表示する関数が使える**

リスト A-1 では OpenCV の関数をいくつか使っています．これらを使わずに一から C 言語でコーディングするとなると，JPEG ファイルを読んでウィンドウに表示するだけでも一苦労です．

しかし，OpenCV を使えば cvLoadImage でファイルを開き，cvCreateImage でパラメータを指定し，cvShowImage で表示，と数行で済んでしまいます．

- **複雑なアルゴリズムも 1 行で済んでしまう**

エッジ検出は "cvCanny" 関数で行っています．Canny アルゴリズムの詳細は省略しますが[4]，そのような複雑なアルゴリズムでも，関数にパラメータを入れるだけで簡単にエッジ検出ができます．

USB カメラからの動画を画像処理してみる

OpenCV を使うと USB カメラの画像を簡単に表示でき，さまざまな処理を施すことができます．

✓ **USB カメラの動画を表示するだけのアプリケーション**

まずは単純に USB カメラからの動画を表示してみます．リスト A-2 のようにソースを記述して保存します．ファイル名は camcapture.c とし，以下のようにコンパイルします．

```
gcc `pkg-config --cflags opencv` camcapture.c -o camcapture `pkg-config --libs opencv`
```

- **安価な USB カメラでもそこそこきれいな動画が表示される**

エラーなしで通ると "camcapture" という実行ファイルが出来ているので，USB カメラを繋いだ後，以下のように実行します．

---

[4] cvCanny 関数の中身は opencv-2.4.10/modules/imgproc/src/canny.cpp で見ることができる．

リスト A-2 動画キャプチャのソース（camcapture.c, 付属 CD-ROM に収録）

```c
#include <stdio.h>
#include <highgui.h>

int main(void)
{
    CvCapture *capture = NULL;
    IplImage* img;

    capture=cvCaptureFromCAM(0);   // キャプチャ構造体の初期化
    if(capture==NULL)
    {
        fprintf(stderr, "cannot find a camera!! ¥n");
        return -1;
    }

    cvNamedWindow("camcapture", CV_WINDOW_AUTOSIZE);

    while(1)
    {
        img=cvQueryFrame(capture);
        cvShowImage("camcapture", img);    // 1フレーム収得と表示を繰り返す

        if(cvWaitKey(1)>=0)                // 何かキーを押したら終了
            break;
    }
    cvDestroyWindow("camcapture");         // ウィンドウの破棄
    cvReleaseCapture(&capture);

    return 0;
}
```

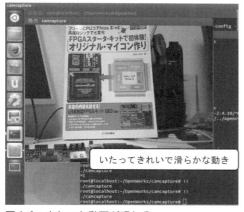

図 A-9 きれいな動画が現れる

図 A-10 ガウシアン・フィルタで平滑化されている

```
./camcapture
```

すると図 A-9 のようにウィンドウが現れ，カメラからの動画が表示されます．USB カメラのグレードにもよりますが（エレコム製 UCAM-C0220FB を使用），いたってきれいで滑らかな動画です．

- **フレーム・レートは視覚的にも違和感ない**

リスト A-2 では while ループの中で cvQueryFrame（1 フレーム，キャプチャする関数）と cvShowImage（1 フレーム表示する関数）を繰り返します．従って，この二つの関数の処理にかかる時間がフレーム・レートになります．フレーム・レートは最高で約 20fps 程度でした．

- **複雑なドライバ操作を隠ぺいしてくれる OpenCV の関数たち**

USB カメラを操作するにはデバイス・ドライバの操作が必要になり，一からコーディングするのは大変です．しかし OpenCV の関数を使えば cvCaptureFromCAM でキャプチャ構造体を初期化し，

第 3 部 Linux 編／Appendix　OpenCV で画像処理を試す

リスト A-3　動き検出のソース（motiondetect.c, 付属 CD-ROM に収録）

```
#include <stdio.h>
#include <highgui.h>
#include <cv.h>

int main(int argc, char** argv) {
  CvCapture *capture = NULL;
    :  中略  :

  while (1) {
    img = cvQueryFrame(capture);
    cvCvtColor(img, imgGray, CV_BGR2GRAY);     ── グレーにしてから差分をとる
    cvAbsDiff(imgGray, imgBef, imgDiff);

    cvShowImage(winNameCapture, img);
    cvShowImage(winNameBef, imgBef);          ── 現在, 1 フレーム前, 差分を表示
    cvShowImage(winNameDiff, imgDiff);
    cvCopy(imgGray, imgBef, 0);               ── 画像のコピー

    if(cvWaitKey(1)>=0)
      break;                                  ── 何かキーを押したら終了
  }
  cvDestroyWindow(winNameCapture);
  cvDestroyWindow(winNameDiff);
  cvDestroyWindow(winNameBef);               ── ウィンドウの破棄
  cvReleaseCapture(&capture);

  return 0;
}
```

cvQueryFrame で 1 フレームをキャプチャ，cvShowImage で 1 フレームを表示，とわずか数行程度で USB カメラの動画を表示ができます.

- **カメラを素早く動かしてみるとわずかに遅延する**

　しかし，一つ気になる点があります. カメラを動かしてみると，コンマ何秒かの「遅延」があることに気付くでしょう[5]. 制御系などで使用する場合は，フィードバック・ループにこのような遅延があると問題になる場合があり，注意が必要です.

✓　**フレーム差分をとって動き成分を表示してみる**

　次に，図 A-1(b) のような「動き検出」を行いたい場合は，リスト A-3 のようなソースを記述して保存します. ファイル名は motiondetect.c としてコンパイルし，実行します.

- **動きのある部分だけが明るく映るフレーム差分**

　すると図 A-1(b) のようにウィンドウが 3 枚現れます. 1 枚は現在の画像，2 枚目は 1 フレーム前の画像，3 枚目はフレーム差分です. 動きのある部分が白くなり，ない部分は真っ暗に映ります.

- **色を変換する関数，2 フレームの差分をとる関数を使用する**

　この例も while ループの中で処理を回す構成になっています. cvQueryFrame で収得された現フレームは cvCvtColor でいったんグレーに変換されます. その後，cvAbsDiff で 1 フレーム前のグレー・フレームとの差分がとられます.

　そして，現フレーム，1 フレーム前のフレーム，差分のフレームがそれぞれウィンドウに表示されます.

- **演算に時間をとられてフレーム・レートが下がる**

　while ループにかかる時間がフレーム・レートですが最高で約 10fps でした. これは色を変換したり 2 フレームの差分をとる演算によって，while ループ 1 回にかかる時間が増大することによります.

---

[5] 冒頭の YouTube 動画でその様子を見ることができる.

182

リスト A-4　ガウシアン・フィルタのソース（gaussian.c, 付属 CD-ROM に収録）

```c
#include <stdio.h>
#include <highgui.h>
#include <cv.h>

int main(int argc, char** argv) {
  CvCapture *capture = NULL;
    :  中略  :

  while (1) {
    img = cvQueryFrame(capture);          ← ガウシアン・フィルタで平滑化
    cvSmooth (img, imgGau, CV_GAUSSIAN, 11, 0, 0, 0);
    cvShowImage(winNameCapture, img);     ← フィルタ前と後を表示
    cvShowImage(winNameGau, imgGau);

    if(cvWaitKey(1)>=0)                    ← 何かキーを押したら終了
      break;
  }

  cvDestroyWindow(winNameCapture);        ← ウィンドウの破棄
  cvDestroyWindow(winNameGau);
  cvReleaseCapture(&capture);

  return 0;
}
```

- **遅延がはっきり分かるようになる**

　また遅延量が増えました．1秒程度あると思います．正しく動き検出できているのですが，その応用，例えば「動きに合わせて何かを追従させる」システムでは迅速な追従は難しいかもしれません．

- **マウスでクリックするたびに一瞬，動画が止まる**

　演算量の増加は「安定性」という点にも影響を与えます．三つのウィンドウをマウス・クリックで切り替えていくと，動画が1～2秒間停止することがあります（すぐに復活する）．

✓ **ガウシアン・フィルタで画像を平滑化してみる**

　今度は画像にフィルタをかけてみます．リスト A-4 のようなソースを記述して保存します．ファイル名は gaussian.c としてコンパイルし，実行します．

- **フィルタ後の画像はぼんやりしている**

　すると，図 A-10 のように新しいウィンドウが2枚現れます．1枚は現在の画像，2枚目は「ガウシアン・フィルタ」を施したもので，画像の高周波成分が取り除かれ，平滑化されています．

- **フィルタの演算でさらにフレーム・レートが落ちる**

　リスト A-4 では cvSmooth 関数の3番目の引数で"ガウシアン・フィルタ"を指定し，4番目の引数で平滑化の範囲（11×11画素）を指定しています．その後，フィルタリング前後の画像を2枚表示します．この場合，フレーム・レートはさらに落ち，最高で約 4fps 程度でした．

- **カメラを動かしたら2秒後に画像が動く**

　遅延はさらに大きくなり，2秒程度あります．このような画像のフィルタリングには大量の積和演算が必要になるため遅延の増加は避けられず，安定性にも影響を与えることが分かります．

第 3 部 Linux 編

第6章　XillinuxからLEDマトリクス表示制御

●本章で使用するVivado
Vivado WebPACK 2014.4

　XillinuxのXillybusにはFIFOインターフェースが用意されています．本章では，このFIFOインターフェースに第2部第6章のLEDマトリクス表示制御回路を接続して，LEDマトリクスをXillinuxから表示制御する方法を紹介します．

6.1　Xillinuxから制御するLEDマトリクス表示システムの構成

　紹介するLEDマトリクス表示制御システムの構成は図6-1になります．LEDマトリクスのダイナミック点灯制御は，第2部第6章で作成したLEDマトリクス表示制御回路で処理します．
　表示データはXillinux上のユーザ・プログラムからXillybusの32bit FIFOインターフェースのデバイス・ファイルへ書き込み，ドライバ経由でLEDマトリクス表示制御回路へ転送します．
　デバイス・ファイル，ドライバ，FIFOインターフェースはXillinuxにあらかじめ用意されているので，ここでの作業はLEDマトリクス制御の追加，ユーザ・プログラムの作成になります．

6.2　XillybusのFIFOインターフェースの使い方

　Xillybusの32bit FIFOインターフェースの使い方を説明します．
　第3部第1章を参考して，Xillinux起動用のmicroSDカードを作成します．ZYBOにmicroSDカード，キーボード，マウスを接続して電源を入れてXillinuxを起動します．作業しやすいようにstartxと入力してデスクトップを起動します．続いて，Dash homeで「Terminal」アイコンをクリックしてターミナルを起動します（図6-2）．

streamwrite.c，streamread.cのコンパイル

　XillybusのFIFO制御用プログラムは，ホーム・ディレクトリ（/root）下のxillybus/demoappsにあります．FIFO書き込み用プログラムのソースはstreamwrite.c，FIFO読み出し用プログラムのソースはstreamread.cです．
　makeコマンドを入力してコンパイルします．全てのCソース・コードがコンパイルされて実行ファイルが作られます．

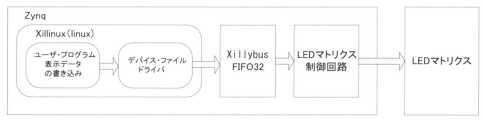

図6-1　XillinuxからのLEDマトリクス表示システムの構成

Xillybus の FIFO インターフェースの使い方

図 6-2　ターミナルの起動

streamwrite, streamread でデータ入出力を確認

オリジナルの Xillinux の回路では，FIFO のインターフェースは図 6-3 のように fifo_32x512 と接続されていて，データを出力すると折り返しで入力されるようになっています．

以下のように，streamread と streamwrite を実行して FIFO インターフェースでデータを転送してみます．

両方のプログラムを終了するとリセットが掛かり，fifo_32x512 は停止するので，先に streamread を実行して，別のターミナルで streamwrite を実行します．

```
root@localhost:~# cd xillybus/demoapps/           ←ディレクトリ移動
root@localhost:~/xillybus/demoapps# ls            ←ファイル名の一覧表示
Makefile  fifo.c  memread.c  memwrite.c  streamread.c  streamwrite.c
root@localhost:~/xillybus/demoapps# make          ←make コマンド．Makefile の内容に従ってコンパイル実行
gcc -g -Wall -O3 memwrite.c -o memwrite
gcc -g -Wall -O3 memread.c -o memread
gcc -g -Wall -O3 streamread.c -o streamread
gcc -g -Wall -O3 streamwrite.c -o streamwrite
gcc -g -Wall -O3 -pthread fifo.c -o fifo
root@localhost:~/xillybus/demoapps# ls            ←ファイル名の一覧表示
Makefile  fifo.c   memread.c  memwrite.c  streamread.c  streamwrite.c
fifo      memread  memwrite   streamread  streamwrite   ←コンパイルで生成された実行オブジェクト
root@localhost:~/xillybus/demoapps# ./streamread /dev/xillybus_read_32
0123    ←streamwrite が実行されると表示される
```

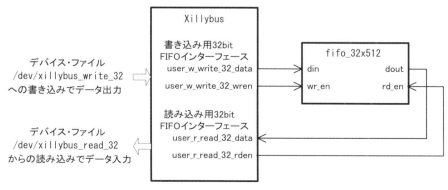

図 6-3　オリジナルの FIFO 接続

185

第3部 Linux編／第6章 XillinuxからLEDマトリクス表示制御

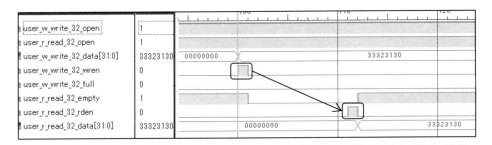

streamwrite コマンドで4Byteのデータが書き込まれると，user_w_write_32_dataにデータが出力され，user_w_write_32_wrenが1クロックの間Highになる．データ読み出しではuser_r_read_32_rdenが1クロックの間Highになるとuser_r_read_32_dataにデータが入力される

図6-4　32bit FIFOインターフェースの波形

streamread の引数"/dev/xillybus_read_32"は，Xillybusの読み出し32bit FIFOインターフェース用デバイス・ファイルです．streamreadを先に実行して，データが転送されて来ることを待ちます．

"0123"は，この後に実行するstreamwriteで転送されたデータです．別のターミナルを起動してstreamwriteを実行してFIFOにデータを転送します．

```
root@localhost:~# cd xillybus/demoapps/
root@localhost:~/xillybus/demoapps# ./streamwrite /dev/xillybus_write_32    ←FIFOへの書き込み
0123   ←キー入力，streamreadを実行しているターミナルに表示される
```

streamwriteの引数"/dev/xillybus_write_32"はXillybusの書き込み用32bit FIFOインターフェースのデバイス・ファイルです．このファイルにデータを書き込むとデータがFIFOインターフェースへ出力されます．

ターミナルから入力したデータ"0123"はASCIIコードへ変換されて，先頭の0を1Byte目とする32bitデータ"0x33323130"として送られます．

図6-4は転送時の波形です．user_w_write_32_dataに0x33323130が出力されて，データが有効であることを示すuser_w_write_32_wrenが1クロックだけ1になります．

streamwriteおよびstreamreadを終了するときはCTRL+Cを入力します．

streamwrite.cのデバイス・ファイルへの操作

streamwrite.cのデバイス・ファイルへの操作はopen関数とwrite関数で行われています．

以下のように，open関数でargv[1]で指定されたデバイス・ファイルを開きます．

```
fd = open(argv[1], O_WRONLY);
```

これで，書き込み用32bit FIFOインターフェースのリセットが解除されます．

デバイス・ファイルへのデータ書き込みは，以下のようにwrite関数を使います．

```
rc = write(fd, buf + sent, len - sent);
```

ここでは，buf + sentにあるデータを"len - sent" Byte書き込んでいます．4Byteのデータを書き込むと，書き込み用32bit FIFOインターフェースへデータが出力されます．

6.3　Xillinux へ LED マトリクス制御回路を組み込んで動作確認

Xillinux へ LED マトリクス表示制御回路を組み込む

　続いて，Vivado の設計データを修正します．本稿での設計データは xillinux-eval-zybo-1.3c（付属 CD-ROM に収録済み）です．

　修正内容は，トップ回路（xillydemo.v）への LED マトリクス表示制御回路（led_matrix_ctrl）の追加，および LED マトリクス表示制御回路で使用するブロック・メモリの生成です．

　リスト 6-1 はトップ回路の修正個所です．入出力端子に LED マトリクス用信号を追加，fifo_32x512 の下に led_matrix_ctrl を追加しています．led_matrix_ctrl の接続先は xillybus モジュールになります．トップ回路の修正はこれだけです．ブロック・メモリは**図 6-5** の手順で生成します．

　LED マトリクス用信号を第 2 部第 6 章の**表 6-1** に従ってピン配置指定して Bit ファイルを作成し，起動確認が済んでいる Xillinux 起動用 microSD カードにこの Bit ファイルを上書きコピーします．

Xillinux から LED マトリクス表示制御回路を動作確認

　Bit ファイルをコピーした起動用 microSD カードで Xillinux を起動します．streamwrite を実行して FIFO インターフェースにデータを送ってみます

```
root@localhost:~# cd xillybus/demoapps/
root@localhost:~/xillybus/demoapps# ./streamwrite /dev/xillybus_write_32
0123　←キー入力
```

　ターミナルから入力したデータ "0123" は ASCII コードへ変換されて，32bit データの 0x33323130 として送られます．ビット 3~0 の赤は 0，ビット 7~4 の緑は 3，ビット 11~8 の青は 1 になり，ビット 24~16 は 0x132（306）となるので，9 列目の 19 個目の LED が緑色で光れば正常動作です．CTRL+C を押してプログラムを終了させると LED マトリクスは消灯します．

リスト 6-1　トップ回路記述 xillydemo.v の変更部分

```verilog
module xillydemo
  (
~途中省略~
  //led matrix
  output led_clk,
  output lat,
  output oeb,
  output r1,
  output g1,
  output b1,
  output r2,
  output g2,
  output b2,
  output [2:0] line
  );
~途中省略~
    // 32-bit loopback
    fifo_32x512 fifo_32
      (
      .clk(bus_clk),
      .srst(!user_w_write_32_open && !user_r_read_32_open),
      .din(user_w_write_32_data),
      .wr_en(user_w_write_32_wren),
      .rd_en(user_r_read_32_rden),
      .dout(user_r_read_32_data),
      .full(user_w_write_32_full),
      .empty(user_r_read_32_empty)
      );
```

```verilog
  assign user_r_read_32_eof = 0;

  //led_matrix_ctrl 追加
  led_matrix_ctrl led_matrix_ctrl
    (
    .clk(bus_clk),
    .reset(!user_w_write_32_open && !user_r_read_32_open),
    .data_in(user_w_write_32_data),
    .data_in_en(user_w_write_32_wren),
    .led_clk( led_clk),
    .lat(lat),
    .oeb(oeb),
    .r1(r1),
    .g1(g1),
    .b1(b1),
    .r2(r2),
    .g2(g2),
    .b2(b2),
    .line(line)
    );
~以下省略~
```

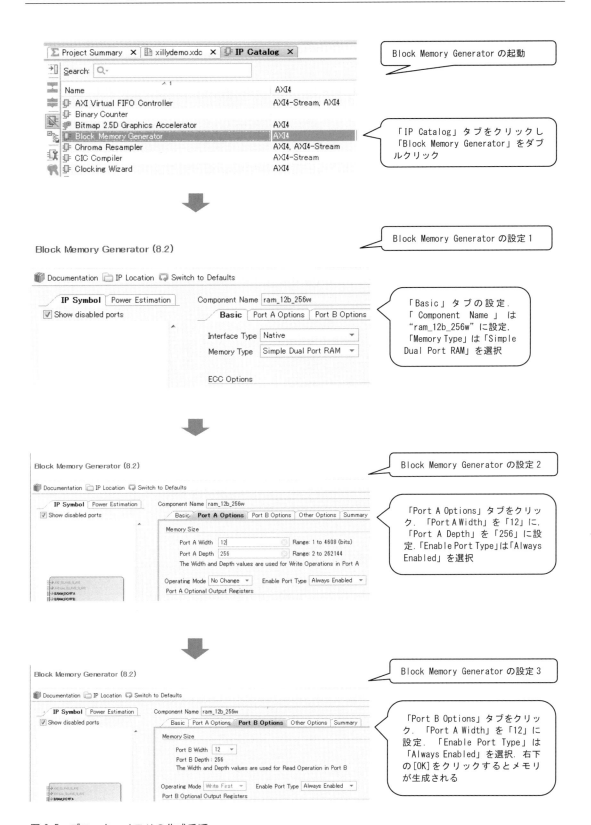

図6-5 ブロック・メモリの作成手順

6.4 Xillinux用LEDマトリクス表示制御プログラムの作成

LEDマトリクスを表示するXillinux上のプログラムを作ります．リスト6-2は，LEDマトリクスに第2部第6章の写真6-2と同様なグラデーションを表示するプログラムです．処理内容は，書き込み用32bit FIFOインターフェースのデバイス・ファイルへ表示データとアドレスを書き込むだけです．

xは横方向，yは縦方向のLEDの位置を示しています．xが0~15の間はxの下位4bitを書き込みデータのビット3~0に代入して左半分に赤のグラデーションを表示，xが16~31の間はxの下位4b-tを書き込みデータのビット7~4に代入して右半分に緑のグラデーションを表示します．

yは書き込みデータのビット11~8に代入して縦法方向に緑のグラデーションを表示します．

次にコンパイルを実行します．Makefileに以下の行を追加します（［Tab］はTabコード）．

```
led_matrix_write: led_matrix_write.c
[Tab]gcc  $(CFLAGS) -pthread $@.c -o $@
```

ターミナルからmakeコマンドを実行して，コンパイルされたled_matrix_writeを実行します．

```
root@localhost:~/xillybus/demoapps# make led_matrix_write
gcc  -g -Wall -O3 -pthread led_matrix_write.c -o led_matrix_write
root@localhost:~/xillybus/demoapps# ./led_matrix_write /dev/xillybus_write_32
x= 0 y= 0 : buf3:0 buf2:0 buf1:0 buf0:0
x= 1 y= 0 : buf3:0 buf2:1 buf1:0 buf0:1
～途中省略～
x= 30 y= 15 : buf3:1 buf2:fe buf1:f buf0:e0
x= 31 y= 15 : buf3:1 buf2:ff buf1:f buf0:f0
CTRL+C
```

実行後にLEDマトリクスにグラデーションが表示されれば正常動作です．CTRL+Cを入力するとプログラムが終了してLEDマトリクスも消灯します．

リスト6-2 LEDマトリクス表示制御プログラム led_matrix_write.c

```
#include <stdio.h>
#include <unistd.h>
#include <stdlib.h>
#include <errno.h>
#include <sys/types.h>
#include <sys/stat.h>
#include <fcntl.h>
#include <termio.h>
#include <signal.h>

int main(int argc, char *argv[]) {
  int fd, rc;
  int x,y;
  unsigned char buf[128];
  if (argc!=2) {
    fprintf(stderr, "Usage: %s devfile¥n", argv[0]);
    exit(1);
  }
  //デバイス・ファイルのオープン
  fd = open(argv[1], O_WRONLY);
  if (fd < 0) {
    if (errno == ENODEV)
      fprintf(stderr, "(Maybe %s a read-only file?)¥n", argv[1]);
    perror("Failed to open devfile");
    exit(1);
  }
  for(y=0;y<16;y++)
    for(x=0;x<32;x++) {

      if(x<16)
        //横方向に 0-15 は赤のグラデーション
        buf[0]=0xf&x;
      else
        //横方向に 16 以上は緑のグラデーション
        buf[0]=(0xf&x)<<4;
      //縦方向（ライン）は青のグラデーション
      buf[1]=y;
      //アドレス指定
      buf[2]=((0x7&y)<<5) + x;
      buf[3]=0x1&(y>>3);
      //書き込みデータを標準出力へ書き出し
      fprintf(stdout,"x= %d y= %d : buf3:%x buf2:%x buf1:%x
        buf0:%x ¥n", x, y, buf[3], buf[2], buf[1], buf[0]);
      //デバイス・ファイルにデータ書き込み
      rc=write(fd, buf , 4);
      if ((rc < 0) && (errno == EINTR))
        continue;
      if (rc < 0) {
        perror("allwrite() failed to write");
      }
      if (rc == 0) {
        fprintf(stderr, "Reached write EOF (?!)¥n");
      }
    }
  while (1) ;
}
```

189

6.5　Xillinux用LEDマトリクスBMPファイル表示プログラムの作成

次に，BMPファイルをLEDマトリクスに表示してみます．

用意するBMPファイルは32×16ピクセルの24bitカラーで，ファイル名はtest_1.bmpです．

リスト6-3はソース・コードです．24bitカラーのBMPファイルは54Byte以降に，画像の右下の画素から1Byte単位で赤，緑，青の輝度データが入っています．各色データの上位4bitと画素の位置のアドレスを演算して書き込みを実行しています．

BMPファイルをPCで作成してUSBメモリ経由でXillinuxへ持って来るか，Xillinux上にペイント・ソフトウェアをインストールして作成します．

ペイント・ソフトウェアをインストールする場合はmicroSDカード内のデフォルト設定のパーティションでは容量が不足するので，第3部Appendixを参考にして，パーティションの容量を増やしてからインストールします．

test_1.bmpをLEDマトリクスに表示すると**写真6-1**のように表示されます．CTRL+Cでプログラムを終了するとLED点灯が停止します．

```
root@localhost:~/xillybus/demoapps# ./led_matrix_bmp /dev/xillybus_write_32
CTRL+C　←プログラムを終了するとLEDマトリクス表示も消灯する
```

LEDマトリクスの表示をバックグラウンドで実行したい場合は，実行するコマンドラインの最後に"&"を追加します．

```
root@localhost:~/xillybus/demoapps# ./led_matrix_bmp /dev/xillybus_write_32 &
[1] 2681　←プロセス番号
root@localhost:~/xillybus/demoapps# kill -9 2681
```

バックグラウンドで実行するとプロセス番号が表示されて，ターミナルがコマンド入力可能な状態になります．

実行を停止するときはkillコマンドで"-9"のオプションを付けてプロセス番号を指定します．実行が終了するとLEDマトリクスも消灯します．

写真6-1　test_1.bmpをLEDマトリクスに表示した状態

Xillinux 用 LED マトリクス BMP ファイル表示プログラムの作成

リスト 6-3 LED マトリクス BMP ファイル表示プログラム led_matrix_bmp.c

```c
#include <stdio.h>
#include <unistd.h>
#include <stdlib.h>
#include <errno.h>
#include <sys/types.h>
#include <sys/stat.h>
#include <fcntl.h>
#include <termio.h>
#include <signal.h>

int main(int argc, char *argv[]) {
    int fd, rc, size;
    FILE *fp_bmp;
    int x, y, y_r;
    unsigned char buf[10];
    unsigned char buf_bmp[1536];
    char *bmp_filename="test_1.bmp";
    if (argc!=2) {
        fprintf(stderr, "Usage: %s devfile\n", argv[0]);
        exit(1);
    }
    //デバイス・ファイルのオープン
    fd = open(argv[1], O_WRONLY);
    if (fd < 0) {
        if (errno == ENODEV)
            fprintf(stderr, "(Maybe %s a read-only file?)\n", argv[1]);
        perror("Failed to open devfile");
        exit(1);
    }

    //bmp ファイルのオープン
    fp_bmp = fopen(bmp_filename,"rb");
    ///bmp ファイルのヘッダー読み出し
    size=fread(buf_bmp,sizeof(unsigned char),0x36,fp_bmp);
    if(size==0)
        fprintf(stderr, "bmp empty\n") ;
    ///bmp ファイルの画像データ読み出し, buf_bmp に保存
    size=fread(buf_bmp,sizeof(unsigned char),0x600,fp_bmp);
    if(size==0)
        fprintf(stderr, "bmp empty\n") ;
    fclose(fp_bmp);
    //座標
    for(y=0;y<16;y++)
        for(x=0;x<32;x=x+1) {
            //bmp ファイルは画像の下のラインからファイルに書いてあるのでライン数を変換
            y_r = 15 -y;
            //緑データ, 赤データ
            buf[0]= (0xf0 & buf_bmp[y*96 + x*3+1]) + (0xf & (buf_bmp[y*96 + x*3+2]>>4));
            //青データ
            buf[1]= buf_bmp[y*96+ x*3]>>4;
            //アドレス算出
            buf[2]=((0x7&y_r)<<5) + x;
            buf[3]=0x1&(y_r>>3);
            //デバイス・ファイルにデータ書き込み
            rc=write(fd, buf ,4 );
            if ((rc < 0) && (errno == EINTR))
                continue;
            if (rc < 0) {
                perror("allwrite() failed to write");
            }
            if (rc == 0) {
                fprintf(stderr, "Reached write EOF (?!)\n");
            }
        }
    while (1) ;
}
```

第 3 部 Linux 編

第7章　ネットワーク経由で ZYBO を遠隔制御

●本章で使用する Vivado
Vivado WebPACK 2014.4

　ZYBO 上で Xillinux などの Linux を動かすと，ネットワーク経由で ZYBO を遠隔制御（リモート・コントロール）できるようなります．
　ここでは，Xillinux をベースにして，以下を紹介します．
- SSH（Secure Shell）を使ってコマンドラインから操作する方法
- HTTP サーバ Apache2 を使ってウェブ・ブラウザから操作する方法

7.1　動作概要

　初めに試す方法は，SSH（OpenSSH）を使った PC からのリモート・ログインです．PC からネットワーク経由で ZYBO 上の Xillinux へリモート・ログインし，コマンドラインでハードウェアを制御します（図 7-1），

　次の方法は，ウェブ・ブラウザによる制御です．Xillinux 上に HTTP サーバ Apache2 を立ち上げて，PC のブラウザから制御します．ハードウェアを制御するプログラムは CGI（Common Gateway Interface）を使って起動します（図 7-2）．

7.2　準備

microSD カード

　使用する設計データは前章で使用したデータです．第 3 部第 1 章および前章に従って，Xillinux 起

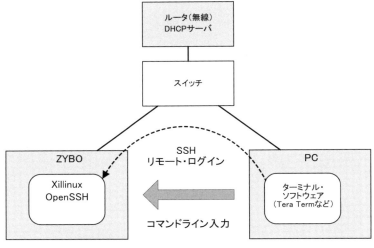

図 7-1　SSH によるリモート・ログイン

動用の microSD カードを作ります．

SSH や HTTP サーバを追加するので，第 3 部 Appendix を参考にしてパーティションの変更を行います．また，Xillinux を起動してコマンド入力で，LED 点灯，スイッチ読み取り，LED マトリクス表示ができることを確認します．

ネットワークに接続

次に，インターネットに接続されているルータ兼 DHCP サーバのある LAN へ ZYBO を接続して Xillinux を立ち上げます．インターネット接続は動作確認に必要ありませんが，SSH や HTTP サーバのインストールで必要になります．

PC でターミナル・ソフトウェア（著者は Tera Term を使用）を起動して，ZYBO に割り当てられた COM 番号へボー・レート 115200 で接続します．

接続が完了したら ifconfig コマンドで DHCP サーバから割り振れた IP アドレスを確認します．著者の環境では 192.168.0.5 に割り振られました（起動のたびに IP アドレスが変更されると動作が確認しづらいので，著者は DHCP サーバの設定で毎回同じ IP アドレスが割り振られるようにした）．

パスワードの設定

次に，以下の操作でパスワードを設定します．

```
# passwd       ←コマンド入力
Enter new UNIX password:       ←新規パスワードを入力
Retype new UNIX password:      ←上と同じパスワードを再入力
passwd: password updated successfully    ←パスワード設定完了
```

7.3　SSH からの制御

OpenSSH のインストール

OpenSSH は SSH で通信するためのオープンソース・ソフトウェアです．Xillinux に OpenSSH をインストールすることで，外部のマシンから SSH でリモート・ログインができるようになります．

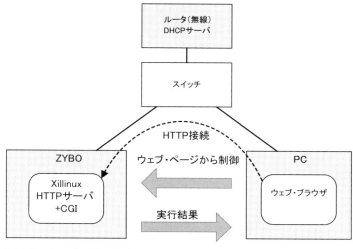

図 7-2　ウェブ・ブラウザからの制御

インストール手順は以下になります．

まず，インストールを開始する前にXillinuxをアップデートします．

```
# sudo apt-get update ←このコマンド入力でアップデート
Ign http://ports.ubuntu.com precise InRelease ←ログ表示
～途中省略～
Reading package lists... Done ←ログ表示が終了
# ←コマンド入力待ちになればアップデート終了
```

次に，OpenSSHをインストールします．

```
# sudo apt-get install openssh-server ←このコマンド入力でインストール開始
Reading package lists... Done ←ログ表示
～途中省略～
After this operation, 679 kB of additional disk space will be used.
Do you want to continue [Y/n]? Y ←Yを入力するとインストールを継続
～途中省略～
ssh start/running, process 2654
Setting up ssh-import-id (2.10-0ubuntu1) ... ←ログ表示が終了
# ←コマンド入力待ちになればインストール終了
```

SSHクライアントでリモート・ログイン

図7-3 暗号鍵が未設定の警告

インストールが完了したのでPCからリモート・ログインしてみます．PC上のSSHクライアント・ターミナルはTera Termを使用しました．Tera Termの場合，メニューから「ファイル」→「新しい接続」を選択してZYBOに割り振られたIPアドレスを入力します．

ここで，暗号鍵が設定されていないためにセキュリティ警告が表示されます（図7-3）．ここでは［続行］をクリックします．ユーザ名とパスワードが求められるので，ユーザ名はroot，パスワードは設定したパスワードを入力します．

しばらくしてメッセージが表示されてプロンプトが表示されればリモート・ログインに成功です．シリアル通信接続と同様に操作できます．シリアル通信では一つのポートで一つのターミナルしか接続できませんが，SSHであれば複数のターミナルが接続できます．

LEDの点灯とスイッチの読み取り

リモート・ログインしたターミナルからハードウェア制御する際のコマンドは，第3部第1章および前章と同じです．

LEDを点灯してみます．

```
#cd xillybus/demoapps/
#./memwrite /dev/xillybus_mem_8 01    ←LD0が点灯
#./memwrite /dev/xillybus_mem_8 15    ←LD0～LD3が点灯
```

スイッチの値を読み取ります．SW0：ON，SW1：OFF，SW2：OFF，SW3：OFFで以下を実行します．

```
#./memread /dev/xillybus_mem_8 0
Read from address 0: 1    ←SW0のみONなので値は1になる
```

SW0：ON，SW1：ON，SW2：ON，SW3：ONで以下を実行します．

```
#./memread /dev/xillybus_mem_8 0
Read from address 0: 15   ←SW0～SW3がONなので値は15になる
```

このようになれば，正常動作しています．

7.4　ウェブ・ブラウザからLEDの点灯とスイッチの読み取り

Apache2のインストール

HTTPサーバとしてApache2をインストールします．

インストールと設定手順は以下になります．

```
# sudo apt-get install apache2   ←このコマンド入力でインストール開始
Reading package lists... Done    ←ログ表示
～途中省略～
After this operation, 4218 kB of additional disk space will be used.
Do you want to continue [Y/n]? Y  ←Yを入力するとインストールを継続
～途中省略～
ldconfig deferred processing now taking place    ←ログ表示が終了
#    ←コマンド入力待ちになればインストール終了
```

PCでウェブ・ブラウザを起動して，Xillinuxに割り振られたIPアドレスを指定します．

デフォルトで表示されるHTMLファイルは/var/www/index.htmlです．index.htmlの内容を修正して，"ZYBO"の文字を追加してブラウザで再読み込みをすると，表示が変更されます（図7-4）．

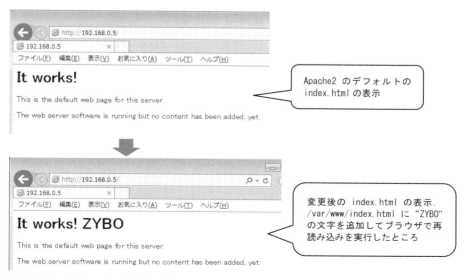

図7-4　Apache2にブラウザで接続．index.htmlの文字を変更して確認

Apache2 のディレクトリ構成

Xillinux にインストールした Apache2 のデフォルトのディレクトリ構成は以下になります.

```
/etc/apache2        ←Apache2 の設定ファイル
/var/www/html       ←ファイルの参照先
/usr/lib/cgi-bin    ←CGI プログラムの参照先
```

Apache2 の設定ファイルでファイルの参照先指定や機能制限などができます.

HTML ファイルはブラウザに表示する内容が記述されています. 今回は FORM タグを使って CGI プログラムを実行します. ハードウェア制御用プログラムも/usr/lib/cgi-bin に置きます. なお, CGI 用の Perl プログラム, ハードウェア制御用プログラムはパーミッションに実行権限が必要です.

HTML ファイルの作成

初めに CGI プログラムを実行するための HTML ファイルを作成します. **リスト 7-1** は使用した cgi_test.html です.

①は LED 点灯用 CGI プログラム led.pl の呼び出しを制御しています. この部分のブラウザの表示は**図 7-5** になります. "http://" 以降の IP アドレス 192.168.0.5 は著者の環境での ZYBO に割り当

リスト 7-1 CGI 実行用 HTML ファイル cgi_test.html

```
<html>
  <head>
    <title>ZYBO control page</title>
  </head>
  <body>
<P>ZYBO control page </P>
<Hr>
<form action="http://192.168.0.5/cgi-bin/led.pl" method="get">  ①
 <P>LED:
 <p>led0
 <input type="radio" name="led0" value=1>on   ②
 <input type="radio" name="led0" value=0 checked="checked">off   ③
 </p>
 ～途中省略～
 <p>led3
 <input type="radio" name="led3" value=1>on
 <input type="radio" name="led3" value=0 checked="checked">off
 </p>
 <input type="submit" name="submit" value="set" </p>   ④
 </P>
</form>
<Hr>
<form action="http://192.168.0.5/cgi-bin/sw.pl" method="get">   ⑤
 <P>SW:
 </p>
 <input type="submit" name="submit" value="read" /></p>
 </P>
</form>
<Hr>
<form action="http://192.168.0.5/cgi-bin/led_matrix.pl" method="get">   ⑥
 <P>LED_MATRIX:
 <p>
 <input type="radio" name="bmp_sel" value=0 /> RGB </p>
 ～途中省略～
 <p>
 <input type="radio" name="bmp_sel" value=4 checked="checked" /> off </p>
 <p>
 <input type="submit" name="submit" value="set" /></p>
 </P>
</form>
<Hr>
  </body>
</html>
```

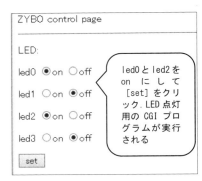

図 7-5 LED 設定用ページの表示

ウェブ・ブラウザから LED の点灯とスイッチの読み取り

リスト 7-2　LED 制御用 CGI プログラム led.pl

```
#!/usr/bin/perl
$buffer = $ENV{'QUERY_STRING'};  #①引数の入力
($arg1, $arg2, $arg3, $arg4) = split( /&/ , $buffer );
($name1, $value1) = split( /=/ , $arg1 );
($name2, $value2) = split( /=/ , $arg2 );
($name3, $value3) = split( /=/ , $arg3 );
($name4, $value4) = split( /=/ , $arg4 );
$value1 =~ tr/+/ /;
$value2 =~ tr/+/ /;
print "Content-type: text/html¥n¥n";      #②ウェブ・ブラウザ表示に必要な出力
print "<br> ¥r¥n";
print "LED cgi strat <br>¥r¥n";
print "p1 = $name1 $value1 <br>¥r¥n";
print "p2 = $name2 $value2 <br>¥r¥n";
print "p3 = $name3 $value3 <br>¥r¥n";
print "p4 = $name4 $value4 <br>¥r¥n";
$val= $value1 + $value2*2 + $value3*4 + $value4*8;  #③書き込み値の計算
print "led value = $val <br>¥r¥n";
system("/usr/lib/cgi-bin/memwrite /dev/xillybus_mem_8 0 $val");  #④LED 制御プログラムの実行
print "cgi end <br>¥r¥n";
print "<br>¥r¥n";
print "<FORM>¥r¥n";
print " <INPUT type=¥"button¥" value=¥"back to ZYBO control page ¥" onClick=¥"history.back()¥">";  #⑤前のページへ戻るボタンを表示
print "</FORM>";
```

てられた値です．この値は動作テスト時に ZYBO に割り振られた IP アドレスに変更します．

②③ではパラメータ led0 の値を radio で設定します．on がクリックされると値は 1，off がクリックされると値は 0 です．checked="checked"が書かれている off が初期値になります．

④は submit ボタンの表示です．"set"と表示されたボタンを押すと led.pl が呼び出されます．パラメータは get メソッドで環境変数として渡されます．

⑤はスイッチ読み取り用の CGI プログラム sw.pl の呼び出し，⑥は LED マトリクス制御用 CGI プログラム led_matrix.pl の呼び出しです．

LED 制御用 CGI プログラムの作成

CGI プログラムは Perl で記述し，その中でハードウェアを制御するプログラムを実行しています．Perl で書かれた LED 制御用 CGI プログラムは led.pl（リスト 7-2）です．

①は環境変数 QUERY_STRING で渡されるパラメータ値を含んだ文字列を取り出す処理です．それ以降は文字列から各パラメータ値を取り出しています．

②の print 文の出力はブラウザへ表示するときに必要な文字列です．ブラウザに渡されますが表示されません．

③ではパラメータ値からデバイスに書き込む値を計算しています．

④では書き込み用プログラム memwrite で LED LD0~LD3 に接続されているアドレス 0 への書き込みを実行しています．system は外部プログラムを実行する関数です．system の引数はコマンドラインから入力する内容を文字列で指定します．Perl ソース内の変数を渡すことも可能です．

⑤は結果表示から元のウェブ・ページに戻るボタンを表示しています．

led.pl は HTTP サーバの CGI 参照先の/usr/lib/cgi-bin に作ります．また memwrite も/usr/lib/cgi-bin へコピーします．led.pl と memwrite は以下のように chmod コマンドでパーミッションを変更して実行権限を与えます．

```
#chmod +x led.pl
#chmod +x memwrite
```

197

第3部 Linux編／第7章 ネットワーク経由でZYBOを遠隔制御

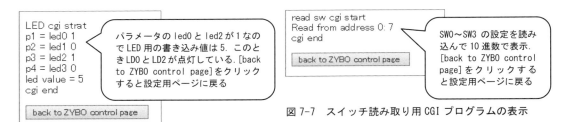

図7-6 LED制御用CGIプログラムの表示　　　図7-7 スイッチ読み取り用CGIプログラムの表示

✓ 動作テスト

　動作テストをしてみます．PC上でブラウザを起動してcgi_test.htmlを表示します．led0とled2をonにセットして［set］ボタンをクリックします．ZYBO上のLD0とLD2が点灯して図7-6のメッセージが表示されれば正常動作です．［back to ZYBO control page］ボタンを押すとコントロール用のページに戻ります．

スイッチ読み取りCGIプログラムの作成

　スイッチ読み取り用CGIプログラムはsw.pl（リスト7-3）です．

　①で読み取りプログラムmemreadを実行して，スイッチが接続されているアドレス0を読み出しています．実行結果はブラウザに表示されます．

　②は結果表示から元のページに戻るボタンを表示しています．

✓ 動作テスト

　図7-7は実行結果の表示です．ZYBO上のスライド・スイッチの設定と表示が一致していれば正常動作です．［back to ZYBO control page］ボタンを押すとコントロール用のページに戻ります．

7.5　ウェブ・ブラウザから LED マトリクスの制御

ハードウェアの変更

　前章の設計データでは，LEDマトリクス表示プログラムを終了すると表示が停止します．HTTPサーバ上で動くCGIは，継続して実行させた場合にプログラムの終了が難しいので，プログラムが終了しても表示を続けるようにハードウェアを変更します．

　元の回路ではプログラムがデバイスにアクセス中でない場合に，制御回路にリセットが掛かるようになっています．従って，プログラムが終了してデバイスへのアクセスが終了するとリセットが掛かります．変更後の回路では，リセット信号を変更して，デバイスにアクセスがない場合でもリセット

リスト7-3　スイッチ読み取り用CGIプログラム sw.pl

```
#!/usr/bin/perl
print "Content-type: text/html\n\n";
print "read sw cgi start<br>\r\n";
system("/usr/lib/cgi-bin/memread /dev/xillybus_mem_8 0");   #①SW読み出しプログラムの実行
print "<br>\r\n";
print "cgi end <br>\r\n";
print "<br>\r\n";
print "<FORM>\r\n";
print " <INPUT type=\"button\" value=\"back to ZYBO control page \" onClick=\"history.back()\">";   #②
print "</FORM>";
```

198

ウェブ・ブラウザから LED マトリクスの制御

リスト 7-4　xillybus.v の変更部分

```
module xillybus(
～途中省略～
  bus_clk,
  bus_rst_n, //追加
～途中省略～
);
～途中省略～
  output  bus_clk;
  output  bus_rst_n;//追加
～以降省略～
```

リスト 7-5　xillydemo.v の変更部分

```
module xillydemo
～途中省略～
    wire    bus_clk;
    wire    bus_rst_n;  //追加
    wire    bus_rst;    //追加
～途中省略～
assign bus_rst = ~bus_rst_n; //追加
led_matrix_ctrl led_matrix_ctrl(
.clk(bus_clk),
    //.reset(!user_w_write_32_open && !user_r_read_32_open),  //削除
    .reset(bus_rst), //追加
～途中省略～
  //while (1) ;      //無限ループを削除
～以下省略～
```

しないようにします.

　二つの Verilog HDL ソース・ファイルを修正します. 一つは xillybus.v で, 起動時のみリセット
が掛かるユーザ回路用のリセット信号 bus_rst_n をモジュール外部へ出力します (**リスト 7-4**). も
う一つは xillydemo.v で, bus_rst_n を反転した bus_rst を led_matric_ctrl のリセット信号として接
続します (**リスト 7-5**).

　Xillinux 用の設計データは Vivado 2014.4 で作られているので, 修正後の Bit ファイル作成も
Vivado 2014.4 を使用します. 完成した Bit ファイルは Xillinux 起動用 microSD カードの
xillydemo.bit へ上書きコピーします.

ソフトウェアの修正

　新しい Bit ファイルを書き込んだ microSD カードで起動した Xillinux 上で, LED マトリクスを表
示するプログラムのソース・コード led_matrix_bmp.c をベースに, led_matrix_bmp_rd.c を作りま
す. 変更内容は以下になります.

- 表示する BMP ファイルを指定可能にする
- BMP ファイルのデータの標準出力へ表示停止
- LED マトリクス表示を継続するための無限ループの削除

　修正個所は**リスト 7-6** です. Makefile にも**リスト 7-7** のように led_matrix_rd を追加します.

リスト 7-6　led_matrix_bmp_rd.c での変更部分

```
int main(int argc, char *argv[]) {
～途中省略～
//if (argc!=2) {
  if (argc!=3) {     //引数の数のチェックを+1
    fprintf(stderr, "Usage: %s devfile¥n", argv[0]);
    exit(1);
  }
～途中省略～
//fp_bmp = fopen(bmp_filename,"rb");
 fp_bmp = fopen(argv[2],"rb");//第 2 引数で BMP ファイル名
～途中省略～
    buf[3]=0x1&(y_r>>3);
    //fprintf(stdout,"pos=%d %x %x %x %x ¥n",x,buf_bmp[x*3+2],buf_bmp[x*3+1],buf_bmp[x*3],buf[1],buf[0]); //書き込み値表示をコメントアウト
    rc=write(fd, buf ,4);
～途中省略～
  //while (1) ;  //無限ループを削除
～以下省略～
```

リスト 7-7　Makefile の追加部分 ([Tab] は Tab コード)

```
led_matrix_bmp_rd:  led_matrix_bmp_rd.c
[Tab]gcc $(CFLAGS) -pthread $@.c -o $@
```

199

第3部 Linux編／第7章 ネットワーク経由でZYBOを遠隔制御

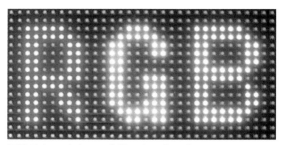

写真7-1　rgb.bmp の LED マトリクス表示

コンパイルを実行します．

```
#make led_matrix_bmp_rd
gcc -g -Wall -O3 -pthread led_matrix_bmp_rd.c -o led_matrix_bmp_rd    ←ログ表示
～省略～
```

プログラムを実行します．

```
#./led_matrix_bmp_rd /dev/xillybus_write_32 rgb.bmp
```

写真7-1のようにLEDマトリクスに表示されれば正常動作です．

LEDマトリクスの表示停止

新しいハードウェアでは，表示プログラムが停止してもLEDマトリクスの表示は停止しないので，表示を停止するプログラムとして led_matrix_off を作ります．

ソース・コードは**リスト7-8**です．①では書き込みデータを0に設定しています．②でデータを書き込んでいます．各色の輝度が0になるとLEDマトリクスが消灯します．

LEDマトリクス表示用CGIプログラムの作成

LEDマトリクス表示用のCGIプログラムは led_matrix.pl（**リスト7-9**）です．①でパラメータ値

リスト7-8　表示停止プログラム led_matrix_off.c

```
～省略～
int main(int argc, char *argv[]) {
  int fd, rc;
  int x, y;
  unsigned char buf[128];
～途中省略～
  fd = open(argv[1], O_WRONLY);
～途中省略～
  for(y=0;y<16;y++)
    for(x=0;x<32;x++) {
      buf[0]=0x0;   //①
      buf[1]=0x0;
      buf[2]=((0x7&y)<<5) + x;
      buf[3]=0x1&(y>>3);
      rc=write(fd, buf , 4);  //②
      if ((rc < 0) && (errno == EINTR))
        continue;
      if (rc < 0) {
        perror("allwrite() failed to write");
      }
      if (rc == 0) {
        fprintf(stderr, "Reached write EOF (?!)\n");
      }
    }
}
```

図7-8　LEDマトリクスの設定表示

リスト 7-9 LED マトリクス表示用 CGI プログラム led_matrix.pl

```perl
#!/usr/bin/perl
$buffer = $ENV{'QUERY_STRING'};
($arg1,$arg2,$arg3,$arg4) = split( /&/ , $buffer );
($name1,$value1) = split( /=/ , $arg1 );
$value1 =~ tr/+/ /;
print "Content-type: text/html\n\n";
print "led_matrix cgi start <br> \r\n";
print "p1 = $name1 $value1 <br>\r\n";
if($value1==0){     #①表示の切り替え
system("/usr/lib/cgi-bin/led_matrix_bmp_rd /dev/xillybus_write_32 rgb.bmp");
}
elsif($value1==1){
system("/usr/lib/cgi-bin/led_matrix_bmp_rd /dev/xillybus_write_32 red.bmp");
}
elsif($value1==2){
system("/usr/lib/cgi-bin/led_matrix_bmp_rd /dev/xillybus_write_32 green.bmp");
}
elsif($value1==3){
system("/usr/lib/cgi-bin/led_matrix_bmp_rd /dev/xillybus_write_32 blue.bmp");
}
else{
system("/usr/lib/cgi-bin/led_matrix_off /dev/xillybus_write_32 ");    #②表示の消灯
}
print "cgi end<br> \r\n";
print "<br>\r\n";
print "<FORM>\r\n";
print " <INPUT type=\"button\" value=\"back to ZYBO control page \" onClick=\"history.back()\">";
print "</FORM>";
```

によって led_matrix_bmp_rd が表示する BMP ファイルを変更しています．パラメータ値が 0~3 以外のときは②が実行されて LED マトリクスを消灯します．led_matrix.pl，led_matrix_bmp_rd，led_matrix_off，BMP ファイルは，ほかの CGI ファイルと同様に/usr/lib/cgi-bin/に置きます．

✓ **動作テスト**

　CGI プログラムが完成したのでブラウザで cgi_test.html を表示します．LED_MATRIX の RGB を選択して［set］ボタンを押します（図 7-8）．LED マトリクスに写真 7-1 が表示されて，ブラウザ上に図 7-9 が表示されれば正常動作です．

　RED，GREEN，BLUE を選択した場合はその BMP ファイルが表示され，off を選んで実行したときに消灯すれば正常動作です．

　無線 LAN が利用可能であれば，無線 LAN 接続したスマートフォンや PDA のブラウザからも制御が可能です（写真 7-2）．

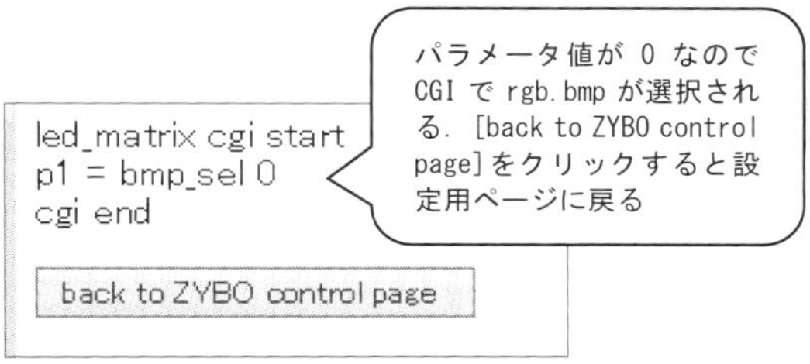

図 7-9 LED マトリクスの実行表示

写真 7-2 PDA による制御の様子

引用 / 参考文献

引用文献

- 第 1 部第 1 章
1. Zynq-7000 All Programmable SoC Packaging and Pinout, ug865-Zynq-7000-Pkg-Pinout.pdf, ザイリンクス㈱.
2. ZYBO 回路図, m7740_ZYBO_RM_B_V6_sch.pdf, Digilent 社.

参考文献

- 第 1 部第 1 章
1. インターフェース編集部, Linux ガジェット BeagleBone Black で I/O, 2014 年, CQ 出版社.
2. 鈴木量三郎, 片岡啓明; ARM Cortex-A9×2! Zynq でワンチップ Linux on FPGA, 初版, 2014 年, CQ 出版社.
- 第 1 部第 4 章
1. Zynq-7000 All Programmable SoC テクニカル リファレンス マニュアル, j_ug585-Zynq-7000-TRM.pdf. ザイリンクス㈱.
- 第 2 部第 1 章
1. ZYBO FPGA Board Reference Manual, https://reference.digilentinc.com/_media/zybo:zybo_rm.pdf, Digilent 社.
2. AXI Video Direct Memory Access LogiCORE IP Product Guide, pg020_axi_vdma.pdf, ザイリンクス㈱.
- 第 2 部第 2 章
1. AXI リファレンス ガイド, j_ug761_axi_reference_guide.pdf, ザイリンクス㈱.
- 第 2 部第 7 章
1. Zynq-7000 All Programmable SoC テクニカル リファレンス マニュアル, j_ug585-Zynq-7000-TRM.pdf. ザイリンクス㈱.
- 第 3 部第 1 章
1. http://xillybus.com/xillinux, Xillybus 社ウェブ・サイトより.
2. FPGA マガジン No.2, Zynq 対応 Linux"Xillinix"を ZedBoard で動かそう, 中原啓貴, 2013 年, CQ 出版社.
3. FPGA マガジン No.3, ZedBoard 上の Linux からハードウェアにアクセスする, 中原啓貴, 2013 年, CQ 出版社.
- 第 3 部第 2 章
1. http://xillybus.com/xillinux, Xillybus 社ウェブ・サイトより.

2. xillybus_getting_started_zynq.pdf.

3. 岩田利王；実践ディジタル・フィルタ設計入門，2004 年，初版，CQ 出版社.

● 第 3 部第 3 章

1. 山森丈範；シェルスクリプト基本リファレンス，2005 年，初版，技術評論社.

2. 岩田利王；実践ディジタル・フィルタ設計入門，2004 年，初版，CQ 出版社.

● 第 3 部第 4 章

1. OpenCV-CookBook，http://opencv.jp

● 第 3 部第 5 章

1. ADXL345 データシート，ファイル名 ADXL345_jp.pdf，アナログ・デバイセズ㈱.

● 第 3 部 Appendix

1. ser1zw's blog，http://ser1zw.hatenablog.com/

2. 北山洋幸；OpenCV で始める簡単動画プログラミング，2013 年，第 2 版，カットシステム

3. 橋本詳解，http://d.hatena.ne.jp/shokai/

4. OpenCV.jp，http://opencv.jp/

5. FPGA の部屋，http://marsee101.blog19.fc2.com/

6. OpenCV で遊ぼう!，http://playwithopencv.blogspot.jp/

付属 CD-ROM について

付属 CD-ROM には，本書掲載プログラムなどが収録されています．詳細は付属 CD-ROM の readme.txt をお読みください．

- Xillybus 社製のソフトウェアについて
  本 CD-ROM に収録されている Xillybus 社製のソフトウェアは，商用目的には使用できません．また，サポート対象製品ではありません．サポートはいっさい行われません．あらかじめご了承ください．
- 本書サポート・ページ
  http://www.cqpub.co.jp/toragi/ZYBO/index.htm
  本書の内容に関する補足情報などは，上記 URL で提供しています．

索引 / Index

●A

ADXL345 ....167, 168, 169, 171, 172, 203

AMBA 34, 50

Apache2 .... 192, 195, 196

AXI 2, 3, 34, 44, 48, 50, 51, 52, 54,
56, 58, 61, 63, 76, 77, 82, 102, 103, 107,
108, 110, 112, 202

AXI GPIO 34, 44

AXI Video Direct Memory Access 44, 202

AXI4-Stream Video Out 44

●B

boot.bin 3, 40, 42, 113, 121, 122, 204

BSP 27, 100

●C

CLK_WIZ 44, 48

Clocking Wizard 44, 66, 80

Cortex-A9............. 4, 8, 9, 10, 11, 12, 13, 15,
119, 120, 128, 129, 139, 140, 141, 168, 202

cvAbsDiff 182

cvCanny 180

cvCaptureFromCAM 181

cvCreateImage 180

cvCvtColor 182

cvLoadImage 180

cvQueryFrame 181, 182

cvShowImage.................. 180, 181, 182

cvSmooth 183

●D，F

DDC 65, 66, 70, 71, 73

devicetree.dtb 121, 122

FPU........................... 129, 133, 134, 139, 152

●G

GEM............4, 95, 96, 97, 102, 103, 110, 112

GMII 93

GParted 176

●H，J

HDMI................ 3, 14, 44, 64, 65, 66, 70, 71,
72, 73, 74, 75, 79, 82

HLS................................ 3, 16, 44, 83, 84, 87

IIR 4, 135, 137, 140, 141, 144,
146, 148, 149, 152, 155, 156, 157, 158, 160,
161, 162, 163, 164, 165, 166, 167

JTAG................................ 13, 15, 28, 33, 40

●M

memread 124, 127, 185, 195, 198

memwrite................. 124, 127, 185, 194, 197

microSD 3, 12, 15, 33, 40, 42,
113, 118, 119, 121, 122, 125, 126, 127, 135,
136, 144, 146, 160, 169, 175, 176, 177, 184,
187, 190, 192, 193, 199

MIO 13

●O

OpenSSH 192, 193, 194

OV7670 107

205

●P, Q, R

PHY...................... 95, 96, 97, 100, 102, 103, 108, 110, 112

Pulseaudio 131

QSPI.............................. 3, 14, 15, 33, 40, 42

RGMII 95, 96

●S

SelectIO Interface Wizard.................. 66, 69

SoftOscillo2 .... 137, 148

SPI 4, 11, 13, 14, 40, 168, 169, 170, 171, 172

SSM2603CPZ........................ 131, 137, 146

sSMTP.. 152, 153

system.hdf...57

system.mss....................................38, 100

●U

Ubuntu.................................... 118, 119, 176

uImage 121, 122

●V, W

VDMA 44, 48, 49

Video Timing Controller 44

VOUT.. 44

VTC.................................... 44, 48

WALL...................................... 14

●X

XC7Z010-1CLG400C 12

xillinux-eval-zybo-1.3b.zip 119

xillybus_mem_8.............. 117, 123, 124, 125, 127, 134, 135, 144, 148, 149, 160, 162, 167, 170, 171, 174, 194, 195

xillybus_read_32...... 161, 162, 174, 185, 186

xillybus_read_8........................ 146, 149, 150

xillybus_write_32 .... 160, 162, 174, 186, 187, 189, 190, 200

xillydemo.bit 120, 121, 122, 126, 135, 144, 146, 160, 169, 199

●Z

ZedBoard............................. 8, 13, 14, 64, 202

ZYBO_zynq_def.xml.......... 21, 35, 54, 77, 97

●あ

色反転.. 3, 87, 88

インターコネクト 48, 51, 54, 61, 74

エッジ検出............ 3, 6, 87, 88, 175, 179, 180

●か

高位合成 3, 16, 83, 84

固定小数点........................... 4, 130, 133, 134, 135, 136, 148, 152

●さ

差分方程式............................... 137, 140

シェル・スクリプト 4, 140, 155, 156

●た，は

伝達関数................................... 137, 140

白色雑音 137, 138, 158

浮動小数点........................... 4, 129, 130, 133, 134, 135, 136, 139, 148, 152

プリワーピング.............................. 135, 136

フレーム・レート 65, 181, 182, 183

●ら

ロジック・アナライザ................ 16, 82, 157, 158, 163, 164

著者略歴

いわた としお
岩田 利王（第1部第1章，第3部第1章～第5章，Appendix 執筆）

1967年 岐阜県岐阜市生まれ
1989年 東京理科大学 理工学部 電気工学科卒

ケンウッド社，シーラスロジック社を経て，
現在，㈱デジタルフィルター（本社岐阜市）代表取締役

著者ウェブ・サイト http://digitalfilter.com/

● 主な著書，執筆雑誌
実践ディジタル・フィルタ設計入門，CQ出版社．
dsPIC基板で始めるディジタル信号処理，CQ出版社．
FPGAスタータ・キットで初体験!オリジナル・マイコン作り．CQ出版社．
FPGA版Arduino!!Papilioで作るディジタル・ガジェット．CQ出版社．
その他，トランジスタ技術，インターフェース，FPGAマガジンなど記事多数

よこみぞ けんじ
横溝 憲治（第1部第2章～第4章，第2部，第3部第6章～第7章，執筆）

1966年 生まれ
1989年 工学院大学 機械工学科卒
1989年 NECエンジニアリング㈱ 入社．通信機用LSI設計に従事
1996年 ㈲ひまわり 入社

FPGAを用いたプロトタイプ作成，設計コンサルティング，トレーニング講師などに従事
現在に至る

● 主な著書，執筆雑誌
実用HDLサンプル記述集—まねして身につけるディジタル回路設計 共著，CQ出版社．
FPGA版Arduino!!Papilioで作るディジタル・ガジェット．CQ出版社．
その他，FPGAマガジン，トランジスタ技術など記事多数

- 本書掲載記事の利用についてのご注意 ― 本書掲載記事は著作権法により保護され，また産業財産権が確立されている場合があります．従って，記事として掲載された技術情報をもとに製品化するには，著作権者および産業財産権者の許可が必要です．また，掲載された技術情報を利用することにより発生した損害などに関して，CQ出版社および著作権者ならびに産業財産権者は責任を負いかねますのでご了承ください．
- 本書記載の社名/製品名などについて ― 本書に記載されている社名，および製品名は，一般に開発メーカの登録商標または商標です．なお，本文中は™，®，©の各表示を明記しておりません．
- 本書付属のCD-ROMについてのご注意 ― 本書付属のCD-ROMに収録したプログラムやデータなどは著作権法により保護されています．したがって，特別の表記がない限り，本書付属のCD-ROMの貸与または改変，個人で使用する場合を除いて複写複製（コピー）はできません．また，本書付属のCD-ROMに収録したプログラムやデータなどを利用することにより発生した損害などに関して，CQ出版社および著作権者は責任を負いかねますのでご了承ください．
- 本書に関するご質問について ― 文章，数式等の記述上で不明な点についてのご質問は，必ず往復はがきか返信用封筒を同封した封書にてお願いいたします．ご質問は著者に回送し回答していただきますので，多少時間がかかります．また，本書の範囲を超えるご質問には応じられませんのでご了承ください．
- 本書の複製等について ― 本書のコピー，スキャン，ディジタル化等の無断複製は著作権法上での例外を除き禁じられています．本書を代行業者等の第三者に依頼してスキャンやディジタル化することは，たとえ個人や家庭内の利用でも認められておりません．

JCOPY ＜(社)出版者著作権管理機構 委託出版物＞
本書の全部または一部を無断で複写複製（コピー）することは，著作権法上での例外を除き，禁じられています．
本書からの複製を希望される場合は，(社)出版者著作権管理機構（TEL：03-3513-6969）にご連絡ください．

FPGAパソコンZYBOで作るLinux I/Oミニコンピュータ　CD-ROM付き

2016年4月1日　初版発行　　　　　　　　　　　　　　　　　　　©岩田 利王/横溝 憲治 2016
2018年12月1日　第3版発行

著　者　岩田 利王/横溝 憲治
発行人　寺　前　裕　司
発行所　Ｃ Ｑ 出版株式会社
〒112-8619　東京都文京区千石 4-29-14
電話　編集　03-5395-2123
　　　販売　03-5395-2141

ISBN978-4-7898-4809-1

定価は裏表紙に表示してあります　　　　　　　　　　　　　本文編集担当　熊谷 秀幸
無断転載を禁じます　　　　　　　　　　　　　　　　　　　印刷・製本　　三晃印刷(株)
乱丁，落丁本はお取り替えします　　　　　　　　　　　　　表紙デザイン　クニメディア(株)
Printed in Japan